赢在认真

Win in Carefulness

品墨 / 编著

企业呼唤认真精神，社会需要认真精神

我们不仅要踏踏实实地做人，更要认认真真工作

认真凸显职业素养，认真提升执行效率，认真体现个人价值

新 华 出 版 社

图书在版编目（CIP）数据

赢在认真 / 品墨编著. —北京：新华出版社，2013. 7
ISBN 978-7-5166-0511-0
Ⅰ. ①赢… Ⅱ. ①品… Ⅲ. ①成功心理—通俗读物
Ⅳ. ①B848. 4—49
中国版本图书馆CIP数据核字(2013)第132841号

赢在认真
作　　者： 品　墨

出 版 人： 张百新　　**选题策划：** 李平书
责任编辑： 刘　飞　　**装帧设计：** 赵志军

出版发行： 新华出版社
地　　址： 北京石景山区京原路8号　　**邮　　编：** 100040
网　　址： http://www.xinhuapub.com
http://press.xinhuanet.com
经　　销： 新华书店
购书热线： 13671150125 李老师

照　　排： 新华出版社照排中心
印　　刷： 北京高岭印刷有限公司

成品尺寸： 165mm×235mm
印　　张： 15　　**字　　数：** 178千字
版　　次： 2013年7月第一版　　**印　　次：** 2018年5月第一次印刷
书　　号： ISBN 978-7-5166-0511-0
定　　价： 34.60元

前言 · FOREWORD

1965年，汤姆斯在西雅图景岭学校图书馆担任管理员。由于缺少人手，他在图书馆的橱窗里，贴出一则招聘图书管理员的广告。

一天，一个12岁的瘦小男孩来应聘工作。汤姆斯先给他讲了图书分类法，然后让他把图书馆里放错了位置的图书放回原处。

小男孩眨了眨炯炯有神的大眼睛，问："像侦探抓坏蛋那样吗？"

汤姆斯被他的话逗笑了，频频点头说："对，不但要把坏蛋揪出来，还要把它们送回家。"

男孩郑重地点点头，转眼消失在书架后面。他在书架的迷宫中不停地穿梭，等到中午休息的时候，他已经抓到5个坏蛋。

第二天，他比规定的上班时间来得早，又开始在书架的迷宫中走来走去。等到晚上下班，他正式请求汤姆斯让他担任图书管理员。又过了两个星期，他突然邀请汤姆斯到他家做客。吃晚餐时，小男孩的母亲告诉汤姆斯他们要搬到附近的一个住宅区去。

小男孩也是刚刚得知这一消息，他担忧地问汤姆斯："我走了谁把那些站错队的坏蛋抓出来呢？"

小男孩走了，汤姆斯一直在心里惦念着他。两个星期后的一天早晨，汤姆斯在图书馆门口看到了小男孩。他高兴地告诉汤姆斯，那边的图书馆不让学生做管理员，妈妈把他转回这边来上学，让他爸爸开车接送他。如果爸爸不带他，他就走路来。

其实，汤姆斯当时心里便有数，这小家伙对待工作如此认真，将来肯定会有一番作为。可汤姆斯没想到这个小家伙会成为信息时代的天才，他就是世界首富比尔·盖茨。

比尔·盖茨之所以能取得如此大的成就，机遇、智慧、勤奋等因素肯定非常重要，但我认为，在这其中起到关键作用的，就是他从小培养出来的认真精神。

认真，是最重要的职业素养。如果连认真都做不到，那么诸如忠诚、敬业、责任、主动等职场品质就根本无从谈起。

认真，是一种脚踏实地的务实精神。如果没有求真务实的奋斗，没有踏踏实实的努力，任何人都无法在工作中创造出优秀的业绩。

认真，是一种兢兢业业的工作态度。以认真的态度对待工作，我们才可能获得工作所给予的最高奖赏。

认真，是提高企业执行力的秘诀。执行是否到位，工作能否落实，都要取决于员工对待工作是否认真，是否具有“不折不扣”的执行精神。

认真，是对工作高度负责的表现。一个具有责任心和使命感的员工，才能对工作认真负责，做好自己该做的一切。

认真，是体现个人价值的最好途径。认真的人受人尊敬和信任，到哪里都会受到欢迎。

在这个越来越浮躁的时代，企业呼唤认真精神，社会需要认真精神，我们不仅要踏踏实实地做人，更要认认真真工作。

赢在认真
Win in Carefulness

目录 CONTENTS

目录 CONTENTS

赢在认真
Win in Carefulness

目录 CONTENTS

第一章 踏实做事，工作需要认真精神

成就事业和人生的方法有很多，但其中认真是最基本的准则。如果连认真都做不到，那其他诸如责任、敬业、主动、积极等职场品质就根本无从谈起。

工作的核心只有两个字：认真

谁肯认真地工作，谁就能做出许多成绩，就能超群出众。

一个员工如果不能做到认真工作，那他的才能也就无法尽情展现，他对公司的忠诚度也缺乏基础，他对工作的投入程度就会大打折扣。相反，一个认真工作的员工，即使他的能力有限，但由于对工作全力以赴，他一样能很好地完成自己的工作，而且，这种对工作的认真态度还会给自己带来新的机遇。

有一个商场招聘收银员，经过筛选有三位小姐进入了复试。

复试由老板主持，当第一位小姐走进老板的办公室时，老板拿出一张一百元的钞票，要这位小姐到楼下去给他买一包香烟。这位小姐觉得自己还没有被正式录用，就被老板无端指使，将来的工作一定会有很多麻烦事，于是干脆地拒绝了老板的要求，气冲冲地离开了老板的办公室。

第二位小姐走进办公室后，老板也拿出了一张一百元的钞票，要她去买一包香烟。这位小姐很想给老板留下好印象，于是爽快地回答了。可是，当她到楼下买香烟时，却被告知这张一百元的钞票是假的，没办法，她只好用自己的一百元买了香烟，又把找来的零钱全部交给了老板，对假钞的事只字未提。

第三位小姐也同样被要求去买香烟。当她接过老板递过来的一百元钞票时并没有转身就走，而是仔细地看了看钞票，马上就发现这张钞票不大对劲儿，于是很客气地要求老板另外再给她一张钞票。老板微笑着拿回了那张一百元钞票，第三位小姐被录用了。

结局是如此的不同，原因是如此的让人扼腕叹息。也许在平常的生活中，我们都可能去验证那一百元钞票的真假，但为什么换了个场合就变得容易忽视了呢？看来，还是没有做到真正的认真。机会的获得有时候就是这么简单，只是比别人多了那么一点点的认真。

认真工作才是真正的聪明，认真工作才是提高自己能力的最佳方法。把工作当作一个个学习机会，不断地从中获得很多知识，为以后的工作打下了坚实的基础。认真工作的人不会为自己的前途操心，那是由于他们已经养成了一个良好的习惯，到哪里都会受到欢迎。

然而，我们经常会看到这样的事：有些员工不是在认真工作中寻找公司的重用，而是完全寄希望于投机取巧；有些员工则是以应付的态度对待工作，却希望得到老板的赏识，得不到就埋怨老板不能慧眼识英雄，或慨叹命运之不公。

每一个老板都希望拥有更多优秀的员工，期望优秀员工给企业带来更多的利润。如果你能够认真尽到自己的本分，尽力完成自己应该做的事情，那么成功离你就不远了。

但很多员工却不是这样的，他们总是抱怨公司，抱怨老板，抱怨同事，抱怨工作，却不反省自己的工作态度。他们总是应付工作，结果，他们失去了工作的动力，不能全身心地投入工作，更不能在工作中取得好的成绩。最终，失去了本应属于自己的升迁和加薪机会。

杰克在一家贸易公司工作了1年，由于不满意自己的工作，他愤愤地对朋友说："我在公司里的工资是最低的，并且老板也不把我放在眼里，如果再这样下去，有一天我就要跟他拍桌子，然后辞职不干。"

"你对那家贸易公司的业务都弄清楚了吗？对于做国际贸易的窍门完全弄懂了吗？"他的朋友问道。

"没有！"

"君子报仇十年不晚！我建议你先静下来，认认真真地对待工作，好好地把他们的一切贸易技巧、商业文书和公司组织完全搞通，甚至包括如何书写合同等具体事务都弄懂了之后，再一走了之，这样做岂不是既出了气，又有许多收获吗？"

杰克听从了朋友的建议，一改往日的散漫习惯，开始认认真真地工作起来，甚至下班之后，还留在办公室研究商业文书的写法。

一年之后，那位朋友偶然遇到他。

"你现在大概都学会了，可以准备拍桌子不干了吧？"

"可是我发现近半年来，老板对我刮目相看，最近更是委以重任了，又升职，又加薪，说实话，现在我已经成为公司的红人了！"

“这是我早就料到的！”他的朋友笑着说：“当初你的老板不重视你，是因为你工作不认真，又不努力学习；而后你痛下苦功，担当的任务多了，能力也加强了，当然会令他对你刮目相看。”

工作是人们创造美好生活的物质前提，也是体现个人价值的最好途径。既然工作是必不可少的，何不积极工作，认真完成，全心投入，在有限的时间里创造出最大价值呢？而且经验告诉我们，一项工作完成的效果如何，虽然在一定程度上取决于工作能力的高低，更重要的则是决定于工作者的认真投入程度。更何况，认真投入会使人态度变得积极主动，办事效率自然提高。相反，在工作中投机取巧或许能让你获得一时的便利，但却在心灵中埋下隐患，从长远来看，是有百害而无一利的。

认真箴言

无论你做什么工作，无论你面对的工作环境是松散还是严谨，你都应该认真工作，不要老板一转身就开始偷懒，没有监督就没有工作。你只有在工作中锻炼自己的能力，使自己不断提高，加薪升职的事才能落到你头上。反之，如果你凡事得过且过，从不认真工作，那你就会被老板毫不犹豫地排斥在他的选择之外。

认真是成就事业的根本

如果你把该做的工作和想做的工作都做得一样认真，那么你就很成功。

有一个青年人去问大画家阿道夫门采尔：“我画一幅画往往只用一天的时间，可为什么卖掉它却要等上一年？”

门采尔回答道：“请你倒过来试试！你花一年的功夫去画，那么，你只需要一天的时间就可以卖掉它了！”

有些事情很简单，关键看你有没有认真用心对待。

还有一个有关大仲马的故事：大仲马的一个朋友经常向出版社投稿，但是总是被拒绝。最后朋友来向大仲马求教，大仲马的建议很简单：请一个职业抄写人把他的稿子干干净净地写一遍，再把题目做点修改。那位朋友听从了大仲马的建议，结果他的文章一寄出就被以前拒绝他的出版商看中了。

认真，就是不放松对自己的要求，就是在别人随便的时候自己仍然坚持原则，认真就是高度的责任感和敬业精神，就是一丝不苟的做人态度。认真的人受人尊敬和信任，认真的人做一次，哪怕做得慢一点，其效果也要比只追求速度但错误百出强。因为，认真的过程为我们减少了浪费，减少了重复劳动和返工的时间，也是给社会和自己节约了一大笔财富。

认真是做事必须具备的最基本态度。对待工作不认真，会造成重大损失，工作不认真的人不会得到重用。对待工作不认真，说得好听叫“马马虎虎”，不好听就是不负责任。

能够在自己涉足的领域中有所建树的人，都有一个共同点，就是具备认真做事的态度。

李昌钰被誉为“现场重建之王”。他说：“作为事实认定者，无从去亲身经历逝去的历史，要确定真相，犹如历史考古一般，要通过事实遗留下来的残片去推断它的本来面目。”在他的眼中，刑案现场好比“一盘打散的拼图”，其中有许多碎块已经散失，而刑事鉴识专家们要做的，就是用这些不完整的碎片去“拼一个图案”，让人们看到它曾经的样子。

1986年感恩节前，泛美航空公司的空姐凯莉失踪后，亲友们认为她的丈夫难脱干系，但被害人的丈夫是美国前中情局专员，3次通过了测谎试验，警方对此束手无策。后来有人举报说，当晚曾看见被害人的丈夫在街上拖着一个大型锯木机。为了寻找物证，李昌钰设法融化了两尺多深的积雪，并用一只冻僵的死猪混在树枝中塞进锯木机进行还原实验，终于在绵延十几公里的湖畔，找到了死者的56片碎骨、2660根头发、3盎司的肉块和一颗牙齿，准确测出了被害人的DNA。警方随后又找到一个编号已经磨损的电锯，李昌钰通过科学方法，将被涂掉的电锯号码显现出来，终于查明凶手正是死者的丈夫。

一个和李昌钰搭档了很多年的美国警官问他：“我们在现场十几个小时也发现不了什么线索，但是你只来了十几分钟，就会发现蛛丝马迹，是不是你有什么秘诀啊？”他花了一个晚上的时间，把自己的“秘诀”写出来给每一个警官看，这个秘诀就是“七看”：俯瞰，站着看，弯着腰看，腰弯得更低地看，蹲着看，跪着看，坐着看。

这“七看”看似简单，实际上需要相当大的耐心。正是由于认真的工作态度，才使李昌钰博士每次都能发现别人发现不到的问题。历数成功人士，在对待工作上没有一人不认真，因为认真是负责任的一种体现，只有对工作负责，才是对自己负责。

做事认真与否是一个人的态度问题，姑且不论做事的结果如何，对待小事不认真的人，在大事上必然也不认真，做事马马虎虎的人，做人也必然马马虎虎。

认真箴言

有时候，成功的秘诀其实很简单，就是认真做事。认真做事不仅是对工作的尊重，也是对他人的尊重，更是自我价值的体现，我们不仅要认认真真做事，更要踏踏实实做人。

认真付出才能得到回报

没有耕耘就没有收获，没有付出就不可能有回报。

大家都知道“天下没有免费的午餐”这个道理，天底下没有那么好的事情可以不劳而获。人们如果知道要想出人头地，就得认真付出。

可惜的是，在现实中，有很多员工只知道抱怨公司，却不反省自己的问题，他们整天应付工作，并发出这样的言论：“何必那么认真呢？”、“说得过去就可以了”、“现在的工作只是个跳板，那么认真干什么？”。最后，遭受损失最大的，还是他们自己。

奎尔是一家汽车修理厂的修理工，从进厂的第一天起，他就开始不停的发牢骚，什么“修理这活太脏了，瞧瞧我身上弄得”，什么“真累呀，我简直讨厌死这份工作了”……每天，奎尔都是在抱怨和不满的情绪中度过。他认为自己在受煎熬，在像奴隶一样卖苦力。因此，奎尔每时每刻都窥视着老板的眼神与行动，一有空隙，他便偷懒耍滑，应付手中的工作。

转眼几年过去了，当时与奎尔一同进厂的三名员工，各自凭着自己精湛的手艺，或另谋高就，或被公司送大学进修了，独有奎尔，仍旧在抱怨声中做他的修理工。

只知抱怨而不去认真工作，看来是于事无补的，只有真正的付出后才能得到自己想要的辉煌。同样是在企业中没有受到重视，安德烈却在友人的提醒下过上了完全不同于奎尔的生活。

安德烈起初只是一家汽车公司下设制造厂的杂工，在不计个人得失，认真付出后最终成为这家汽车制造厂的副总裁。这是件在常人看来几乎不可能实现的事情，从一个杂工到副总裁，简直不可思议。

安德烈刚进入工厂时很年轻，像大多数年轻人一样，对工作很漫不经心，工作起来没有劲头，直到他的父亲对他说："你不可能在没有付出的情况下就得到你想要的一切。"安德烈开始反思了。他开始细心观察工厂的生产情形，甚至不计辛苦的向一些老技术工人去讨教。当他知道一部汽车由零件到装配出厂，大约要经过13个部门的合作，而每一个部门的工作性质都不相同。他当时就想：既然自己要在汽车制造这一行做点事业，必须要对汽车的全部制造过程，都能有深刻的了解。于是，他主动要求从最基层的杂工做起。杂工不属于正式工人，也没有固定的工作场所，是制造厂里最苦最累的工种，哪里有零星工作就要到哪里去。安德烈没有被吓倒，他一直牢记父亲的话，没有付出就不会有得到。通过这项工作，安德烈和工厂的各部门都有接触，对各部门的工作性质也有了了解。不久，他就把制椅垫的手艺学会了。后来又申请调到点焊部、车身部、喷漆部、车床部去工作。不到5年的时间，他几乎把这个厂的各部门工作都做过了。现在安德烈懂得各种零件的制造情形，也能分辨零件的优劣，厂里没有任何一个工人能够像他一样。这一切自然没有逃过老板的眼睛，安德烈被提升为车间领班。他的任劳任怨、不计得失的精神被大家普遍认可，最终成为了这家制造厂的副总裁。

奎尔和安德烈刚开始的境遇是何其的相似，但结果却大相径庭，究其原因就在于奎尔除了抱怨没有任何改变，而安德烈的转变始于真正地全身心付出。当安德烈真正去认真做好做精时，机会就降临在他的头上。看来，没有付出辛勤的劳动就要收获成功与希望，那是永远不可能的事情。

没有耕耘就没有收获，没有付出就不可能有回报。这是一条千古不变的真理。

很多人经常埋怨公司的福利待遇不够理想，但从来没有想过自己是否为公司创造了价值？创造了多少的价值？这种不愿付出却又指望得到高回报的思想，永远不可能如愿以偿。在市场经济的条件下，企业作为一个以利润以目标的经济组织，任何企业的人力资源战略都必须服从于一个基本的“投资回报”的原则，也就是说，企业在考虑支付员工报酬的时候，必然要权衡员工对公司的劳动付出以及他为公司所创造的价值。从这个意义上说，任何员工想要得到更高的报酬，就必须要为企业创造更大的价值和利润。毕竟天下没有免费的午餐。下面的这个小故事同样发人深省。

从前，有一位爱民如子的国王，在他的英明领导下，人民丰衣足食，安居乐业，国富民强，连外敌也不敢来骚扰。

深谋远虑的国王却担心当他死后，人民是不是也能过上幸福的日子。于是他召集了国内的有识之士，命令他们找到一个能够确保人民生活幸福的永世法则。

三个月后，学者们把三本十寸厚的帛书呈给国王说："国王陛下，天下的知识都汇集在这三本书内，只要人民读完它，就能确保他们生活无忧了。"

国王不以为然，因为他认为人民不会花那么多时间来看书。所以他再命令这班学者继续钻研。

一个月后，学者们把三本简化成一本。国王还是不满意。

又过了一个月，学者们把一张纸呈给国王。国王看后非常满意地说："很好，只要我的人民都能真正按这张纸上所说的去做，我相信他们一定能过上富裕幸福的生活。"说完后便重重地奖赏了这班学者。

原来这张纸上只写了一句话：天下没有不劳而获的东西。

其实，天底下哪有不劳而获的东西。唯有肯付出血汗与时间者，才能享有成功的果实。

认真箴言

你的价值和你的付出无疑是成正比的。付出得越多，你的价值也就会越高，甚至成为不可替代的员工。只要是能为公司创造高价值的人，作为一个聪明的老板是不会吝啬的。所以想要得到老板的尊重和更高的报酬，做最优秀的员工，最有效的办法就是：认真付出干出成绩，为公司创造更多的价值。

只有不认真的人，没有做不好的工作

无论做什么事，怕就怕在“认真”二字。

任何一件事情，无论它有多么的艰难，只要你认真、全力以赴去做，就能化难为易。毛泽东说过：“无论做什么事，怕就怕在‘认真’二字。”一个人比较成功，一定是他比较认真。假如一个人还没有成功，那他一定还不够认真。

2003年10月15日，中国成功发射了第一艘载人飞船——“神舟”5号，并于次日成功返回。有报道称，酒泉卫星发射中心测试站官兵针对航天发射10多个阶段、100多个关键节点，以及关键设备、关键程序、关键动作等，要对测试厂房8000多个插头、火箭系统1100多个接口，逐一检查核对3遍以上。正是这种脚踏实地、一丝不苟、精益求精的务实作风，才成就了中华民族的千年飞天梦想。无论做什么行业，都需要这种一丝不苟的认真精神。

反观现实，改革开放30年来，由于处于社会转型期，一种冲动性、情绪性、盲目性相交织的社会心理——浮躁大行其道，为我们的工作带来了很多不良的影响。在这种浮躁之风的侵扰下，认真做事的态度就显得更为可贵。

李娟是中国传媒大学的一名毕业生，1990年，她从播音系毕业。作为播音系的学生，能够到中央电视台工作，是很多人的梦想。李娟在中央电视台实习，而且希望实习后能留下，可到中央电视台实习的不只她一个人。

很快，台里便安排李娟播体育新闻了。那是4月份的一天，风挺大。录了像，晚上6点多就可以走了，回到学院已经晚上8点多了。忽然，李娟想起一个字：镐。那个时候韩国下棋的小伙子李昌镐还不是很有名。“镐”有两个读音，一是“gǎo”，一是“hào”。李娟想，这个字有两个读音，就问老同志，这个字怎么读？老同志很果断地说：“李昌镐gǎo，李昌镐gǎo”实习生就跟着来吧，李娟就念：“李昌镐gǎo”

回到学校，李娟还在琢磨这事儿。买饭的时候，跟同学磋商，同学说，应该念“hào”！李娟说，我也觉得应该念“hào”。回到宿舍查字典，地名的时候应该念“hào”，但没有注明人名的时候应该念什么。她还是拿不准，又给一个老师打电话，老师说：念“hào”，没错！

正实习呢，出这么大一个错，这还得了！李娟饭也不吃了，马上往回赶。外面的风很大，她赶到电视台时，已经是晚上9点50分了。李娟顾不上休息就来到三层的播音室，把录像带取出来，找到播音员，把“gǎo”改成了“hào”，还不放心，一直看着播完，才放心地走了。

在电梯间，李娟碰到了杨台长。

电梯间里就两个人。李娟知道这是杨台长，就主动打了招呼：“杨台长，您好！”

“啊，小姑娘，怎么这么晚才走？”

李娟有点不好意思，她低声回答“有一个字念错了，我回来改一下。”

杨台长说：“你住哪儿啊？”

“住广院。”

“啊，很辛苦啊。”

“没办法，念错了字，就要回来改。”

“好好好，小姑娘工作很认真。”

到了大门口，杨台长上了专车，李娟挤上了公共汽车。最后，在中央电视台实习的五个学生中，只留下了李娟一个。

认真精神让李娟获得了工作机会，这也是我们做事情应具备的最起码的工作态度。我们的才华、能力、梦想，要转化为业绩和贡献，要转化为企业的效益，要转化为优秀的产品和服务，就必须在工作中做到“认真”二字。

认真箴言

做一件事，只要认真去做就不难。在工作中，无论职位高低，也无论能力大小，我们应提倡每一个员工对工作都要一丝不苟、认认真真、兢兢业业。只有这样，个人才有前途，企业才有发展。

认真就是对工作全力以赴

做事不能全身心的投入，那么得到的必然也平平无奇。

有两位朋友小A和小B，他们都很了解自己，知道自己想做管理工作，也有这方面的能力。所以他们确定的目标是要做部门经理。他们两人都开始制定自己的行动方案。小A去应聘，他的眼睛就盯着那些经理级的职位，有公司愿意聘请他做经理助理，他勉强应承下来，但是在具体做的时候觉得这又不是自己应该做的活。因此，眼高手低，懒懒散散，最终，公司以业绩不高为由，炒了他的鱿鱼，他连助理也没有做多久。年复一年，5年的时光一晃就过去了，小A还是走着他的皮包在各家公司的招聘广告中打转。

反观小B，他确定目标之后，就进入了一家IT企业做销售，因为他认为IT业发展前途好，他做每一件事情都是全力以赴，不管是大事小事，都全身心地投入。要开发客户，他都先关注相关资讯，了解企划书的优势、不足，在与客户协商的时候，即使是受到冷遇，吃闭门羹也不要紧，每次都以自己十二分的诚意和执著打动客户，最终给公司带来了丰厚的利润，一年后上级升任他为总经理。而作了总经理之后他也没有懈怠，了解行情、洞察市场，用人、培训员工每一件事都力求做到最好。最终几年之后，他升为这家集团的副总裁。

相类似的水平和能力，短短几年后却有如此大的反差，这种结果和现象奇怪吗？不，这一点都不奇怪，在今天的社会里，这样的例子太多了。小B为什么成功？因为他做每一件事都很认真，也都竭尽所能，不给自己留任何余地。试想，如果自己都没有竭尽全力去做，那么事情又怎么可能会成功呢？

如果懒懒散散，做事不全身心地投入，那么得到的必然也平平无奇。那些获得了成功的人，往往做事情时都全力以赴。

全力以赴，是做事情不能给自己留后路。韩信背水一战，靠的就是鼓舞士兵的志气，人在绝境中爆发出来的力量和激情往往是惊人的。我们不赋予这件事全部的力量，就不会知道自己到底有多大的实力。就像是一面镜子，不去照永远也不知道自己好看在哪里，难看在哪里。

全力以赴，是要对自己所做的事情了解透彻。如果我们连自己做什么都不知道，努力怎么会有效果呢？只有在对自己全面了解的基础上，才能大踏步向前。

全力以赴，是一颗热情的心。它拒绝一切借口，它负的是责任。如果我们选择了某件事，就不要后悔，不仅要认真地做，更要全身心地投入，任何借口都是推脱责任。所以，我们说，要干哪行爱哪行，只有爱，才能尽全力。

全力以赴，是一种精神状态，他能够使你保持高昂的士气，在一路困难的情况下高歌向前。在我们的歌声中会发现，原来任何困难都是纸老虎。

某报纸副总编辑高小姐，在谈到她从事新闻工作16年的最大心得，就是大家耳熟能详的八个字——认真去做，全力以赴。

一直向往新闻事业的她在高考中并没能考上新闻系，之后，只要能跻身于新闻事业中，任何卑微、基层的工作，她都愿意接受，但却求不着。这家报社给了她机会，她十分感谢报社，因而对报社别无所求。“我什么工作都愿意做”她说。在这样的承诺下，报社答应了她的请求，并说试用时给她固定路线，只借重她的英文能力，要她找些有趣的外国人谈谈，看有没有什么能够报道。

高小姐就在这种状况下，开始去采访，在没有任何线索的情况下，她觉得自己已经没有退路，于是在这件事上投注了自己全部的精力。她认真地去收集了外国友人的资料，建立自己所属的档案，想办法取得了外国友人的注意与信任，争取到了采访和报道的机会，最终，她的采访不仅取得了巨大的成功，而且赢得了主编的肯定，并顺利地得到了那份工作。难吗？当然不简单，但是她用心努力的做到了，于是得到了别人的肯定，也充实了自己的实力，一步步走到今天。

“我对自己的要求不多，只是，总为自己树立一个不难达到的目标，然后全力以赴。”她这样说。

工作的时候，不要总是对自己说“我该怎么办！”，而要多去想“我该如何办？”只要开始着手，慢慢就会理出头绪，一路走下去。就像爬山，我们乍一看觉得山很高，可是当我们开始攀登，并且慢慢克服了一个个困难之后，我们就会发现山顶就在前面不远，回过头去，才讶异原来已经不知不觉间走了这么远。

试想一下，如果我们在爬山之前就认定自己一定爬不到山顶，并且准备随时坐缆车下来。如此一来，即使我们走到半山腰，感觉劳累的时候，必然更容易放弃，也就无法欣赏到山顶的美景。后路有时候是可怕的，它会让我们丧失前进的勇气，错过前面的机遇。

认真箴言

在工作面前，认定自己的目标，全力以赴吧！得到自己想要的才是真的，困难也远远没有你想象中的可怕。投入自己全部的热情，集中精力的去认真做吧！

认真工作，好事业是干出来的

认真是做任何事情的基础，无论你所做事情的大小，都必须认认真真地一步一个脚印走过来。

常常听到人讨论在工作中怎样取得成功，答案各有千秋：有人觉得聪明机灵最可能成功，有人认为性格心态尤其重要，还有人说机遇是最重要的。就此问题，美国一本知名杂志对工商、文艺、体育、政界的近百位成功人士同样进行过调研，对他们生平经历的研究结果发现：在天赋、智慧、机遇、能力、认真、斗志、毅力等诸多成功要素中，排在第一位的是认真。

认真，首先指的是一种积极向上的工作态度，其次，也是员工成才的必经之路，是一个团队生机与活力的集中体现。

英国剑桥大学也对从本校毕业的曾获诺贝尔奖的专家进行过调研，结果显示：他们中的绝大多数并非天才，只是在少年时代学习勤奋努力，顺利考上剑桥；大学时代大多也是埋头学业，成绩优异；工作后，有的潜心科研，有的将科研与商业结合，但基本仍是兢兢业业，钻研不止，最终走向辉煌，名利双收。

某位成功学家曾说过这样的话：事业上的成功不单纯靠能力和智慧，更要靠敬业和认真。而事实给了这句名言有力的支持。

有一定工作经验的人都能体会到，在一个单位里，有成效、表现好的员工通常都能非常认真地去工作，从不消极抱怨，也不会为自己寻找任何借口；他们看起来忙碌，却是一天到晚精神抖撳。而那些表现差的员工总是在抱怨，工作消极、懒散，看起来没精打采。他们从没有认真想想自己存在的问题：认真工作了吗？积极付出了吗？

无数事实证明，认真永远是成功的敲门砖。在工作中，与其花精力去考虑怎样去应付老板，不如花相同的精力努力完成工作，小聪明可以骗得过老板，却骗不了我们自己，要知道我们的每一分付出都是在给自己积累财富，保持认真的工作态度，你就会得到他人的称许和赞扬，就会赢得老板的器重，只要你愿意在工作上比别人认真一点点，成功就会向你招手。

1901年，美国历史上产生了第一个年薪百万美金的高级打工仔，他就是施瓦伯。施瓦伯出生在美国乡村，只受过很短的学校教育。18岁那年，家中一贫如洗，他来到钢铁大王卡耐基所属的一个建筑工地打工。一踏进建筑工地，施瓦伯就抱定了要做同事中最优秀的人的决心。当其他人都在抱怨工作辛苦、薪水低而怠工的时候，施瓦伯却默默认真地工作着，一边积累着工作经验，一边自学建筑知识。

不少人都在讽刺挖苦施瓦伯，对此，施瓦伯说："我不光是在为老板打工，更不单纯为了赚钱，我是在为自己的梦想打工，为自己的远大前途打工。我们必须要认真工作，不断提升自己。只有这样我才有机会得到重用，才能获得机遇！"

夏夜的一个晚上，在同伴们打牌闲聊的时候，施瓦伯又像往常一样躲在角落里看书。正好被到工地检查工作的公司经理发现，他看了看施瓦伯手中的书，又翻开了他的笔记本，惊讶地看着眼前的这个人。第二天，他把施瓦伯叫到办公室，问："你学那些东西干什么？"施瓦伯说："我想我们公司并不缺少打工者，缺少的是既有工作经验、又有专业知识的技术人员或管理者，对吗？"经理点了点头。不久，施瓦伯就被升任为技师。后来，施瓦伯一步步升到了总工程师的职位上。25 岁那年，施瓦伯就做了这家建筑公司的总经理。

在一次对普林斯顿大学学生的演讲中，施瓦伯深入地谈了自己对工作的感受，他说："要想成功，最最重要的莫过于将工作看作理所当然的事。如果你非要做个贪婪者的话，那就做个贪婪工作的人吧。"

一位哲人说过："世界上能登上金字塔的生物只有两种：一种是鹰，一种是蜗牛。不管是天资奇佳的鹰，还是资质平庸的蜗牛，能登上塔尖，极目四望，俯视万里，都离不开两个字——认真。"同样，一个人在工作事业上取得成功，环境、机遇、天赋、学识等外部因素固然重要，但更重要的是依赖于自身的认真与努力。少了认真的精神，即使是天资奇佳的雄鹰也只能空振双翅；而有了认真的精神，就算是行动迟缓的蜗牛也能雄踞塔顶，观千山暮雪，渺万里层云。

认真工作是一种值得人尊敬的习惯，走到哪里，它都会为你增添光彩。别在想当然地认为工作是个苦差事，有科学的研究表明：认真工作、专注于某一项活动能够刺激人体内特有的一种荷尔蒙的分泌，它能让人处于一种愉悦的状态。同时，认真工作能使自己不断地超越自我，在工作中发现许多奥秘并将解决它看作是一种乐趣。长时间坚持认真工作还能在潜移默化中提高个人修养。

前微软公司中国区总裁唐骏在央视做《对话》节目时说过这样一句话：“比别人认真一点点，就能超前别人一大步。”每天早晨对自己说，今天比别人认真一点点，相信不久的将来你就会成为最优秀的员工。

华勒是堪斯亚建筑工程公司的执行副总，几年前他是作为一名送水工被堪斯亚一支建筑队招聘进来的。华勒并不像其他的送水工那样把水桶搬进来之后就一面抱怨工资太少一面躲在墙角抽烟，他给每一人工人的水壶倒满水并在工人休息时缠着他们讲解关于建筑的各项工作。很快，这个勤奋好学的人引起了建筑队长的注意。

两周后，华勒当上了计时员。当上计时员的华勒依然认认真真地工作，他总是早上第一个来，晚上最后一个离开。由于他对所有的建筑工作比如打地基、垒砖、刷泥浆等非常熟悉，当建筑队的负责人不在时，工人们总喜欢问他。现在他已经成了公司的副总，但他依然特别专注于工作，从不说闲话，也从不参加到任何纷争中去。他鼓励大家学习和运用新知识，还常常拟计划、画草图，向大家提出各种好的建议。只要给他时间，他可以把客户希望他做的所有的事做好。

华勒没有什么惊世骇俗的才华，他只是一个穷苦的孩子，一个普普通通的送水工，但是凭着认真工作的美德，他得到了机遇的垂青，并一步一步地成长。

它不是发生在20世纪二三十年代，也不是距我们四五十年，它就发生在现在，就发生在这个充满了机遇和挑战的竞争时代。它告诉我们，要想在职场中脱颖而出，你就必须比别人更认真和努力，拥有积极进取、奋发向上的心，否则你只会由平凡转为平庸，最后变成一个毫无价值和没有出路的人。

所以，不管你现在所从事的是怎样一种工作，不管你是一个水泥工人，还是一个优秀的精英，只要你养成认真工作的习惯，你就会成功，就会被上司所认可，你就会为自己的成功找到合适的机会。因为，你的认真带给企业的是业绩的提升和利润的增长，带给自己的是宝贵的知识、技能、经验和成长发展的机会，当然随着机会到来的还会有财富。

认真箴言

认真工作是实现理想的基础，贪图安逸会使人堕落，因无所事事而退化。认真工作还会给我们带来真正的乐趣，因为工作给予我们的要比我们为之付出的更多。如果将工作视为学习经验的机会，那每一项工作中都包含着许多个人成长的机会，比如发展自己的专业技能，增加自己的社会经验，提升自己的人格魅力。

第二章
重在务实，空喊口号不如认真工作

工作成绩不是喊出来的，也不是写出来的，而是实实在在干出来的。脚踏实地、一步一个脚印，才能做好每一件工作。

放弃空谈，工作需要务实精神

梦想只有在脚踏实地的工作中才能实现。

一个本科毕业刚分配到某矿务局工作的大学生，刚进单位，就对单位这也看不惯，那也看不惯。不到一个月，他就给单位领导上了洋洋万言的意见书，上至单位领导的工作作风与方法，下至单位职工的福利，一一列出了现存的问题与弊端，提出了周详的改进意见。但是，效果却适得其反，他被领导视为狂妄甚至神经病，单位领导不仅没有采纳他的意见，还借某些理由将他退回学校再分配。两年之内，他因为同样的情况，换了四个单位，结果总是后一个比前一个更不如意，他牢骚更甚，意见更多，却也无可奈何。

工作中，我们常常能见到这样的人：他们无论到哪里都认为自己是“天之骄子”，处处“指点江山，激扬文字”，无论干什么事都是“风风火火”、“慷慨激昂”。但是具体到行动上呢？他们做事每每“虎头蛇尾”，“轰轰烈烈”没几日也就“偃旗息鼓”了。为什么会这样？正是由于他们对自己的定位太高，眼光太高，却缺少脚踏实地的精神。

1862 年，德国哥廷根大学医学院的亨尔教授非常高兴地发现，他的这届学生，普遍都很聪明。但同时他也感到了深深的忧虑，因为，越是聪明的人越不容易静下心来踏踏实实地做那些看似很傻的工作，而那些很傻的工作恰恰就是很多人以后必须要担负的工作职责。

于是，开学后不久，每个同学手中都得到了一份亨尔教授的论文手稿。亨尔教授要求他们重新仔细工整地誊写一遍，但实际上那些手稿已经非常工整了。所有的同学都认为没有重抄的必要，因为那纯粹就是在浪费时间，还不如利用这段时间发挥自己的聪明才智去搞研究。他们一致认为，只有傻子才会坐在那里当抄写员，把自己宝贵的精力花费在这种没有价值而又繁冗枯燥的工作上。没想到，真的有一个叫科赫的“傻子”坐在教室里抄写手稿。

更让人想不到的是，就是这个最“傻”的人在人类历史上首次发现了结核菌、霍乱菌，第一个发现是病原体感染造成了传染病。他在 1905 年获得了诺贝尔生理学与医学奖。也许在当初的那些同学当中，科赫并不算最出众的一个，但他老老实实地履行，做好手头该做的工作，他的成功源自每一项工作中的精耕细作。

也许很多人都觉得要成就丰功伟业，就一定得去做惊天动地的大事，但他们往往不懂得，梦想只有在脚踏实地的工作中才能实现。

认真箴言

成功必须靠认真务实来实现。成功的道路是靠一步一个脚印走出来的，从来没有一蹴而就的成功。如果没有求真务实的奋斗，没有踏踏实实的努力，即使拥有再多的知识、得到再多的帮助、遇到再多的良好机会，都不会实现最终的成功。

务实是成就一切事业的前提

踏踏实实做人，兢兢业业做事。

有一个中国人在德国问路：“先生，这个地方怎么走？大概什么时候能到？”德国人根本不理他，他就觉得这个人很傲慢。而当自己往前走了二三十米时，德国人突然追上来说：“你到那儿大概要12分钟。”这个中国人就问：“那你刚才为什么不告诉我？”德国人说：“因为你问我多长时间到，所以我要看看你走路的速度才能决定。”

这是一个很有意思的讲述普通德国人务实作风的例子。其实，德国人的务实作风不仅体现在日常生活的方方面面，更体现在其工作的整个过程。

在德国企业里，无论是高层的管理者，还是基层的员工，他们都致力于自己的本职工作，兢兢业业、踏踏实实做事。“好”的意义在德国人的字典里比原来的好更加深了一层，他们不仅要完成工作，而且在完成工作后要先自行检查，每一个细节都要认真核对，绝不放松。对于德国人来说，90％的完美并不表示完成了工作，他们甚至会为了达到另外10％的完美付出和90％的完美同样多的时间和精力，而这仅是德国人务实作风的冰山一角而已。

从深层次探讨，我们发现德国人的务实作风不仅来源于德国企业对员工的严格要求，更来源于员工的高度自觉性，因为员工一旦出现一点儿敷衍塞责和马虎失职，那就只有另谋高就了。可以说，严谨务实是德国人的整体精神所在，他们每一个人都和散漫浮躁格格不入。强烈的实事求是、一丝不苟的工作态度已经渗入德国人的血液里，他们工作起来，就像一架精密运转的仪器，严格冷峻，绝不夸夸其谈。正是凭借这样的务实作风，德国企业才能创造出驰名世界的汽车等众多产品，将日耳曼民族特有的严谨务实的工作态度和思维习惯推向世界。

当前，人才是一个企业制胜的法宝，然而让众多中国企业人力资源部门头痛的是，在员工中普遍充斥着一种浮躁的情绪，这不仅影响了工作效率，而且对于整个企业的工作氛围也造成了不良影响，进而造成企业整体效益的下降。所以，教育员工克服浮躁心态，进入“务实工作状态”，并在这个过程中达到企业和员工的共同成长，这才是解决问题的关键。

而对员工来说，要想成就一番事业，就必须具有求真务实的精神。务实是成就一切伟大事业的前提，现在的很多优秀企业都以务实作为评估人才的一项重要标准。英特尔中国软件实验室总经理王文汉先生说，在英特尔公司里，考虑员工晋升时，从来就不把学历当作一个因素。学历最多只是起到敲门砖的作用，在进入企业之后，员工个人的发展就完全取决于自己的努力。有的硕士生可能不够务实，那么他的工资待遇就会降下来，而一些本科生经过自己的努力，取得了优异的成绩，那么他就会更快得到晋升。

王文汉先生还举了下面这个凭借务实的努力拼搏精神在英特尔实现成功的例子：

英特尔中国软件实验室里有一位软件工程师甚至连大学学历都没有，当初这位工程师就是凭借自己设计的一些软件程序进入英特尔的。最初，他只是被作为一名普通的程序员录用的，但是王文汉不久以后就发现，这位程序员并不普通，他不仅可以高效率、高质量地完成相关的程序设计工作，而且还主动学习高科技软件的研发知识，甚至他还利用休息时间参加了英特尔内部及各大院校举办的软件开发课堂。一年之后，当英特尔中国软件实验室需要引进高水平的软件工程师时，这位程序员因为业绩扎实、技术水平先进而成为选拔对象，而很多比他先进入公司的、拥有更高学历的程序员们，依然在原来的位置上继续消耗着自己的青春。

成功所需要的一切因素都需要靠务实努力来获取。大量有用的知识要靠扎扎实实地学习来获得；克服困难的力量要靠一点一滴的艰苦努力来积淀；同事的协作和上司的支持要靠诚信的品质和实实在在的能力来赢取；转瞬即逝的机遇要靠脚踏实地的艰苦付出来把握。

务实是成就一切事业的前提，如果没有务实的工作态度和工作作风，爱迪生纵然再有聪明的头脑也不过是一个幻想家，而不会成为世界上最伟大的发明大师；如果没有投身于科技事业的奋斗精神，比尔盖茨即使聪明绝顶，也不会成为领导世界500强的全球首富；如果没有艰苦卓绝的努力练习，达·芬奇即使是天才，也不会有诸多伟大的作品问世……

认真箴言

每一个职场人士都应该对于自己的现状认真分析，避免出现浮躁的情绪，全面充实提升自己，从个人务实发展、务实做事、务实做人几个方面鞭策自己，要求自己，不断努力，才能使自身不断得到发展。

脚踏实地才能走得更远

离开了脚踏实地的精神，进取心就成了一句空话。

为什么同样的环境和条件、差不多的基础，有的人业务进步明显，三两年就成了公司的骨干，而有的人却频繁跳槽，应聘的工作单位一个接一个，能力却没有太大的提高？其中的差别主要就在是否务实上。

真正的进取心体现在脚踏实地上，离开了脚踏实地的精神，进取心就成了一句空话。只有踏实务实的人才能够在成功的路上走得更远。一个人即便是名校MBA毕业，学识和能力都很强，如果不能够安于岗位，为企业创造价值，也很难在事业上有所成就。

1999年9月，阿里巴巴网站建立起来了。马云立志要使之成为中小企业敲开财富之门的引路人。同年10月，阿里巴巴获得以高盛牵头提供的500万美元风险资金，马云立即着手的一件事情就是，从香港和美国引进大量的外部人才。

这次引进聘用了很多高端的人才，包括美国哈佛大学、斯坦福大学以及国内名校的MBA。但是，后来这些MBA中90%以上都被马云开除了。

后来，谈到这次人才引进，马云认为，这批毕业于名校的 MBA 素质并不十分让人满意。“很多 MBA 进了阿里巴巴之后，都认为自己是精英、高级管理者，不肯虚下心来，脚踏实地，一进来就要求年薪至少十万元，一开口全都是战略，往往是讲的时候热血沸腾，但做的时候不知道从哪儿做起。”

由此，马云总结出一个关于人才使用的理论：只有适合企业需要的人才是真正的人才。他说当初引进 MBA 就好比把飞机的引擎装在了拖拉机上，最终还是飞不起来。

企业引进人才是为了更好地发展，获得更大的效益，而不是为了装点门面。如果引进的 MBA 不能为企业带来效益，这样的引进又有什么价值呢？一个人无论有再大的才能和志向，只有脚踏实地，才能够做出成绩来。对于那些不能够安下心来的高学历人才来说，显赫的学历反而成了成功路上的绊脚石。同等条件下，踏实务实的人比浮躁的人在人生和事业上走得更远。

有一个刚刚从美国读完 MBA 回国的男青年，由于自身条件的优越，便毫不费力地进了一家外资企业的上海办事处。然而，在工作中，老板却总把一些鸡毛蒜皮的小事交给他做，对此，他非常不满意。不久，在公司的一次计划书的招标会上，他认为自己干大事的机会到了，于是便把自己精心准备的材料交了上去，一心以为这次可以博得老板的赏识。然而没想到几天后他却收到了公司人事处的解聘通知书。原来，他因为不在乎那些鸡毛蒜皮的小事，做事情总是马马虎虎、草草了事，以至于在计划书中把“进口”误写成“出口”。这种态度不认真，犯下低级错误的人怎么可能得到老板的重用呢？

在职场中，很多人一心想着一步就登上成功的顶峰，他们天天梦想着自己要干一番轰轰烈烈、惊天动地的大事情，对于工作中事务性的工作从来都是不屑一顾的，不是认为自己从事的工作与自己所学的专业不对称，就是认为让自己从事目前所做的工作太大材小用，委屈了自己。而当真正给了他一份重要工作的时候，他却失掉了先前的风头，没有能力把工作做好。

在工作中，我们需要在心中树立一个远大的理想，这是让我们获得长足进步的一个关键因素，但同时我们又必须脚踏实地，通过对自身实力的衡量，不断地调整自己的方向，只有这样，才能一步一步接近并达到自己的目标，如果只是一味地沉湎于过去或者深陷于对未来的空想中，则是没有任何前途可言的。不要轻视自己眼前正在从事的职业和手边的工作，也许现在看来它毫不起眼，但这可能就是孕育你成功之花的土壤，只有将这些工作做得比别人更正确、更专注、更到位，才有可能成就自己非凡的人生。

著名企业家李嘉诚说：“不脚踏实地的人，是一定要当心的。假如一个年轻人不脚踏实地，我们使用他就会非常小心。你造一座大厦，如果地基不好，上面再牢固，也是要倒塌的。”

认真箴言

务实是员工必备的素质，也是实现梦想、成就一番事业的关键因素，自以为是、自高自大是务实的最大敌人。不务实，何谈敬业？员工要克服浮躁心理，并进入"务实状态"，企业和员工才能共同成长。

认真做好眼前的工作

已经完成的小事，胜于计划中的大事。

认真做好眼前的工作，就是为下一步做好准备。做好眼前事，往往比空想中的大事更重要。

美国标准石油公司曾经有一个小职员叫阿基勃特。他在出差住旅馆时，总是在自己签名的下方，写上“每桶 4 美元的标准石油”字样，在书信及收据上也不例外，签了名，就一定写上那几个字。他因此被同事叫做“每桶 4 美元”，而他的真名反而没有人叫了。

公司董事长洛克菲勒知道这件事后，说：“竟有职员如此努力宣扬公司的声誉，我要见见他。”于是邀请阿基勃特共进晚餐。

后来，洛克菲勒卸任，阿基勃特成了第二任董事长。

在签名的时候署上“每桶 4 美元标准石油”，这算不算小事？严格说来，这件小事还不在阿基勃特工作范围之内。但阿基勃特做了，并坚持把这件小事做到了极致。那些嘲笑他的人中，肯定有不少人的才华、能力在他之上，可是最后，只有他成了董事长。

其实，每个人所做的工作，都是由一件件小事构成的，但不能因此而对工作中的小事敷衍应付或轻视懈怠。记住，工作中无小事。所有的成功者，他们与我们都做着同样简单的小事，唯一的区别就是，他们从不认为他们所做的事是简单的小事。

有些眼前的事尽管小，甚至有点微不足道，但也要尽心尽力去做好它，因为这是一个人的工作态度。很多时候，态度决定一切，它不仅体现在大事中，更体现在一些看似不起眼的小事中，而且，小事往往更能考验一个人。阿基勃特之所以得到石油大王洛克菲勒的赏识，就是因为认真对待了他的工作，哪怕是签名时写上每桶 4 美元这样的小事。

小事是一种积累，小事做多了，会为我们积累起丰富的经验，在我们做大事的时候，自然有很好的心理准备。而且，认真对待每一件小事会培养我们注重细节的习惯，那么，在我们做大事的时候，就不会因为某一个小细节而功败垂成。

但凡做大事的人，都懂得从一点一滴做起的重要性。一步一步走，走得安安稳稳。美国零售大王诺斯通在刚刚创业的时候，开的不过是一家普普通通的小鞋店，但是店主人力求把这个小店做得有声有色，每一项都很到位。结果小鞋店的生意越做越好，慢慢的，又开了第二家、第三家分店，直到现在诺斯通已经是美国第一号零售商，麾下的商场、专卖店不计其数。

任何事物都会经历由小到大的过程，没有人一下子就去做大事，那是不切实际的。如果我们看不起身边的小事，那我们也不会有成大事的机会。

美国一位大富商年轻时，曾在福特汽车公司助理柯金斯处任秘书。一天晚上，公司要发通知给所有下属的经理，事情紧急，在场职员都来帮忙。可是，这个年轻的秘书却认为，做这种事情有失身份，他说："我到公司来，不是来做套信封的事的。"柯金斯听后大怒，说："好吧，这件事既然对你是一种侮辱，你可以离开这里。"

秘书被炒鱿鱼后，试了不少工种，四处碰壁，结果还是硬着头皮回到福特公司。这次，他虚心了许多，对柯金斯说道："我在外面经历了不少，却总是希望回到这里，你还要我吗？"

"当然要"，柯金斯说，"因为你现在已经完全变了。"

很多人总是空想着伟大的计划，却往往忽略了眼前正在筹备的工作。殊不知，千里之行，始于足下。我们现在所做的工作正是对以后发展所做的铺垫，为我们的今后起着不可估量的作用。有的年轻人往往对别人空谈以后远大的理想和计划，但却对眼前正在从事的工作不屑一顾，以至于岁月蹉跎，等到人已老去，也没有得到所谓成大事的机会，悔恨不已。

不肯脚踏实地的一步步去努力，而一味的畅想明天，这样的人永远活在自己的梦里，而落不到实际中来。

理想是靠一步一步努力来实现的，如果我们没有实际成绩，凭什么让别人相信我们会有光明的前途呢？明天是我们把握不了的，我们能把握的只有今天。把现在的事情做好了，就是对自己最大的肯定，这是对自己所做的事负责，也是对自己的一种尊重。

而且，我们不难会发现，在我们做好了眼前事之后，机会自然就会来找我们，不用我们费心去找。很多事情，都是一步一步来的。

有一句能改变人一生的话：“最重要的不是去看远方的模糊的东西，而是做好手边清楚的事。”不是说我们不要去为明天做好准备，而是说，为明天做好准备的最好方法，就是把全部精力和热情投入到今天的工作中去。

马克思曾经说过，科学的道路上没有任何投机可言，只有一步一步向前攀登的人，才有可能到达顶峰。不妨从现在开始，从眼前开始，脚踏实地，在我们做好了一件件事之后，再回头看，会发现，原来我们已经走了很远。

认真箴言

从现在开始，认真对待我们所做的工作吧！无论是多么鸡毛蒜皮、微不足道的工作，都认真做好它，因为说不定，这是上天故意在考验我们，在每一份工作背后，都有机会在等着我们。

埋头苦干，每天多做一点

每天多做一点点，并不会占用你多少时间，但是会让你离成功更近一步。

成功靠什么？从某种意义上说，就是靠我们每天比别人“多做一点点”。

不要小看这一点点。古语说：集腋成裘，积沙成丘。如果我们确确实实地做到每天比别人多做一点点，那么日积月累，我们就能取得更大的成就，拥有更多的收获。

成功者总是愿意在别人还没起床时他先起床；别人还在休息时他先行动；别人走了 1 里路，他要走两里路；别人读 1 本书，他就读两本书；别人工作 8 小时，他就工作 10 小时；别人拜访 10 个顾客，他就拜访 15 个顾客；别人学过一遍，他就要比你多学一遍。

当他超越了别人之后，下一个就是要超越自己。今天拜访了 15 个顾客，明天就要多一个；今天读了一小时书，明天他还要多读一小时；今天走了两里路，明天就要比今天再多走一点点；在他每天想休息的时候，他就告诉自己再多做一点点。

美国汽车业有一个推销员，连续好几年都是公司排名第一的推销高手，他每天工作到晚上回家的时候，走到房间里，就看到他的书桌前面贴了一句话：“今天你还需要再卖一台车才能回家睡觉。”于是，他又跑出去卖了一台车。

然而一般人每天不肯多做一点、多付出一点，他总是在想：明天可不可以多睡一点点？多吃一点点？多休息一点点？多玩一点点？少付出一点点？早下班一点点？钱多赚一点点？这样怎么可能成功呢？

每天多睡一点点、少做一点点是失败者共有的习惯；每天多做一点点，多付出一点点是成功者共有的特质。成功与失败到底差在哪里？就差在这一点点。

要成功的你，愿不愿意多做这一点点呢？

詹姆斯先生最初为杰克逊工作时，职务很低，现在已成为杰克逊先生的左膀右臂，担任其下属一家公司的总裁。他之所以能如此快速地升迁，秘密就在于“每天多做一点”。他平静而简短地道出了其中缘由：“在为杰克逊先生工作之初，我就注意到，每天下班后，所有的人都回家了，杰克逊先生仍然会留在办公室里继续工作到很晚。因此，我决定下班后也留在办公室里。是的，的确没有人要求我这样做，但我认为自己应该留下来，在需要时为杰克逊先生提供一些帮助。工作时杰克逊先生经常找文件、打印材料，最初这些工作都是他自己亲自来做。很快，他就发现我随时在等待他的召唤，并且逐渐养成招呼我的习惯……”

杰克逊先生为什么会养成召唤詹姆斯先生的习惯呢？因为詹姆斯主动留在办公室，使杰克逊先生随时可以看到他，并且诚心诚意为他服务。这样做获得了报酬吗？没有。但是，他获得了更多的机会，最终获得了提升。

有几十种甚至更多的理由可以解释，你为什么应该养成“每天多做一点”的好习惯——尽管事实上很少有人这样做。其中两个原因是最主要的：

1. 在建立了“每天多做一点的”的好习惯之后，与四周那些尚未养成这种习惯的人相比，你已经具有了优势。这种习惯使你无论从事什么行业，都会有更多的人指名道姓地要求你提供服务。

2. 如果你希望将自己的右臂锻炼得更强壮，唯一的途径就是利用它来做最艰苦的工作。相反，如果长期不使用你的右臂，让它养尊处优，其结果就是使它变得更虚弱甚至萎缩。

社会在发展，公司在成长，个人的职责范围也随之扩大。不要总是以“这不是我分内的工作”为由来逃避责任。当额外的工作分配到你头上时，不妨视之为一种机遇。

提前上班，别以为没人注意到，老板可是睁大眼睛在瞧着呢！如果能提早一点到公司，就说明你十分重视这份工作。每天提前一点到达，可以对一天的工作做个规划，当别人还在考虑当天该做什么时，你已经走在别人前面了！

想成为一名成功人士，必须树立终身学习的观念。既要学习专业知识，也要不断拓宽自己的知识面，一些看似无关的知识往往会对未来起巨大作用。而“每天多做一点”则能够给你提供这样的学习机会。

如果不是你的工作，而你做了，这就是机会。有人曾经研究为什么当机会来临时我们无法确认，因为机会总是乔装成“问题”的样子。当顾客、同事或者老板交给你某个难题，也许正为你创造了一个珍贵的机会。对于一个优秀的员工而言，公司的组织结构如何，谁该为此问题负责，谁应该具体完成这一任务，都不是最重要的，在他心目中唯一的想法就是如何将问题解决。

下一次当顾客、同事和你的老板要求你提供帮助，做一些分外的事情，而不是让他人来处理时，积极地伸出援助之手吧！努力从另外一个角度来思考，譬如换一个角色，自己就是这件事的责任人，你将如何来更好地解决这些问题？

每天多做一点，初衷也许并非为了获得报酬，但往往获得的更多。

对拜伦斯一生影响深远的一次职务提升是由一件小事情引起的。一个星期六的下午，一位律师（其办公室与拜伦斯的同在一层楼）走进来问他，哪儿能找到一位速记员来帮忙——手头有些工作必须当天完成。

拜伦斯告诉他，公司所有速记员都去观看球赛了，如果晚来5分钟，自己也会走。但拜伦斯同时表示自己愿意留下来帮助他，因为“球赛随时都可以看，但是工作必须在当天完成。”

做完工作后，律师问拜伦斯应该付他多少钱。拜伦斯开玩笑地回答：“哦，既然是你的工作，大约1000美元吧。如果是别人的工作，我是不会收取任何费用的。”律师笑了笑，向拜伦斯表示谢意。

拜伦斯的回答不过是一个玩笑，并没有真正想得到1000美元。但出乎拜伦斯意料，那位律师竟然真的这样做了。六个月之后，在拜伦斯已将此事忘到了九霄云外时，律师却找到了拜伦斯，交给他 1000 美元，并且邀请拜伦斯到自己公司工作，薪水比现在高出 1000 多美元。

一个周六的下午，拜伦斯放弃了自己喜欢的球赛，多做了一点事情，最初的动机不过是出于乐于助人的愿望，而不是金钱上的考虑。拜伦斯并没有责任放弃自己的休息日去帮助他人，但那是他的一种特权，一种有益的特权，它不仅为自己增加了 1000 美元的现金收入，而且为自己带来一项比以前更重要、收入更高的职务。

如果你是一名货运管理员，也许可以在发货清单上发现一个与自己的职责无关的未被发现的错误；如果你是一个过磅员，也许可以质疑并纠正磅秤的刻度错误，以免公司遭受损失；如果你是一名邮差，除了保证信件能及时准确到达，也许可以做一些超出职责范围的事情……这些工作也许是专业技术人员的职责，但是如果你做了，就等于播下了成功的种子。

实际上，无论你有多大的理想，想干多大的事业，身处什么样的地位，你都必须以脚踏实地的苦干、实干为基础，每天多做一点点，不仅仅是手与脚的多动与多劳，而且是大脑的多思与多虑，渐渐地，你会发现，这些点滴的付出，必将有一天转变成为巨大的人生成就。

认真箴言

如果你是一个认真、肯干、刻苦的人，就能像蜜蜂一样，采的花越多，酿的蜜也越多，你享受到的甜美也

越多。如果你不能够脚踏实地、埋头苦干，那么必将在漫无目的、碌碌无为中消磨掉人生的大好时光。

专心致志，一次做好一件事

无论做什么工作，都要能沉下心来，脚踏实地、全心全意地去做。

小李小时候兴趣非常广泛，唱歌、绘画、游泳、踢足球，都很喜好，但由于性格要强，他要求自己各项成绩都必须得第一才行，结果因没能办到而心灰意冷。他的父亲知道后，把他叫到身边。父亲一粒一粒的向漏斗里投玉米种子，让他双手在下面接着。父亲投了十几次，他的手中也就有了十几粒种子。后来，父亲一次朝漏斗里放一把玉米种子，结果一粒也没有掉下来。父亲笑着说："这个漏斗就代表你，种子代表你要做的事情。种子太多了，都挤在一起下不来了。一个人同时做好多事，能都做好吗？"

"心急吃不了热豆腐"，这个道理我们都懂，但在现实工作中，我们往往像小李一样，急于求成、恨不得什么都能在短时间里做成功，结果却事与愿违，影响自己的自信心。就像一个人去烧水，一壶水烧到 99 度，他满以为差不多了，就撒手去烧另一壶水，待另一壶烧到 99 度时，他又去烧其他壶的水……烧到最后，他连一壶水也没有烧开。

问题就在于我们同时做许多事情，时常手忙脚乱，结果一件事也做不好。

坚持每天做好一件事，这就足够了。"贪多而失，贪少而得。"

目标不能太多，如果精力顾不过来，可能一件事情都完成不了。

从平凡到优秀再到卓越，并不是一件多么神奇的事，你需要的只是每天做好一件事。

一步登天做不到，但一步一个脚印能做到。一鸣惊人不好做，但一股劲能做到一件事。一下成为天才不可能，但每天做好一件事有可能。

任何人认识问题的提高，学识才干的进步，工作成绩的取得，良好习惯的形成，都有个持续努力、逐步积累的过程，常常是每天做好一件事的总和。任何成功都不可能一蹴而就，好高骛远，急于求成，是做事情的大忌。即使你具有特殊的天赋，也无法一步登天；拼尽全力突击一番，同样难以手到擒来。所有的目标都必须通过一步一步地努力和一天一天的进步才能实现。有的人在某个阶段出现的突进、飞跃，其实是积以时日，能量聚积到临界程度后自然爆发的成果，绝非一朝一夕之功。

每天做好一件事看起来微不足道，但天天都有目标，时时都能努力，人人都可为之，仅此而言，已弥足珍贵。人与人之间的差别最初也许只有一点点，但随着时间的推移，便产生天壤之别，原因就在于平时进步积累的多寡。

虽然每天只做好一件事，但每天都超越了昨天，用一种崭新代替一种陈旧，如此日有所进，月有所变，用心写好每天做的一件事的加号，不论从事什么工作，都能享受胜利的喜悦、达到理想的高峰。因此，我们应该珍惜每天的这一件事，争取每天都在不浮躁也不懈怠的努力，每天都是那么热情而不狂热。可以说，成功往往不是看谁哪一阶段跑得最快，而是看谁前进的步伐更持久。

盖尔克是西门子中国区第一任销售总经理，为德国西门子公司的电器产品占领中国市场立下了汗马功劳。盖尔克告诉别人说："从我在西门子工作起，就始终告诫自己，工作要专心致志，一次只做好一件事。近20年来我一直坚持这个信念，在西门子的市场部、产品销售部都工作过，如果说取得了一点成绩，这就是其中的原因。"因此，盖尔克在工作中，能够做到每次集中精力在同一件事上，使自己不被其他的事情干扰，这是他工作取得很大成效的主要原因。

相反，如果你在工作过程中定不下心来，就不能集中精力把事情做好，往往是欲速则不达，任何事情也办不成。

做到每天做好一件事并不容易，因为任何丝毫的进步都不会从天而降，都不能唾手可得，都必须经过一番艰苦的努力。每天做好一件事，贵在每天，难在每天。"逆水行舟用力撑，一篙松劲退千寻"。要每天做好一件事，就要耐得住寂寞，守得住目标，不因收获不大而心浮气躁，不为目标尚远而怀疑动摇，而应具有持之以恒的韧劲；要顶得住压力，不因面临障碍而畏惧退缩，不为遇到挫折而垂头丧气，而应具有攻坚克难的勇气；还要抗得住干扰，不因灯红酒绿而分心走神，不为冷嘲热讽而犹豫停顿，不为外在的诱惑而迷惑，而应有专心致志的定力，安心做好眼前的这一件事，才能获得长远的发展。

每天做好一件事，需要每天都要具体设计，认真规划，既不能急躁，又不能糊弄，更不能作假，因为这不是做给别人看，也不是要跟人交换什么，而是严于律己的人生态度和自强不息的进取精神。

认真安排自己每天的工作计划，切实有效的确定一天中自己要做什么，不要做什么，一旦确定就切实执行！每天做好一件事情以后，别忘了激励自己：明天我也一样可以做好！

每天做好一件事，使每一个今天充实而又饱满。每天做好一件事，终将使一生厚重而充实。

认真箴言

一个人把时间花在什么地方，就会在那里看到成绩，只要你的努力是持之以恒的，这是非常简单却又实在的道理。可是，许多员工还是三天打鱼，两天晒网，这样是永远也不会看见成就的。工作虽然累，但是如果你认真地、全心全意地去做，工作就会将你带进成功的殿堂。

第三章
兢兢业业，认真是一种工作态度

认真是一种兢兢业业的工作态度，是对工作忠诚、敬业、主动、热爱的具体表现。职业前途是闪耀还是暗淡，关键就在于我们的态度。

工作态度决定事业高度

以良好的态度对待工作，我们才可能获得工作所给予的最高奖赏。

通用人力资源负责人曾经这样说："我们在分析应征者能不能适合某项工作时，经常要考虑他对目前工作的态度。如果他认为自己的工作很重要，我们就会留下很深的印象，即使他对目前的工作不满也没有关系。"

"为什么呢？这个道理很简单，如果他认为他目前的工作很重要，他对下一项工作也可能抱着'我以工作成就为荣'的态度。我们发现，一个人的工作态度跟他的工作效率确实有很密切的关系。"

就像你的仪表一样，你的工作态度，也会对你的领导、同事、部属以及你所接触的每一个人表现出你的内心世界，你的价值取向。

这也就是说，你认为你怎样就会怎样。因为你的思想不知不觉会使你变成你所想的那样，你对工作不认真，表现得很消极，那你就不可能在工作上取得任何成就。如果你认为你很虚弱，你的条件不足，会失败，是二流货色等等，这些想法会注定你会平平庸庸地度过一辈子。

反过来，你如果认为自己很重要，有足够的条件，是第一流的人才，自己的工作也确实很重要，那么你很快就会迈上成功之路。改变其实很简单，其实只需要一点点，就在于你怎么看待自己，看待你所从事的事业。

工作不是为了生存，而是要把个人的生活赋予意义，把自己的生命赋予光彩。要从工作中得到乐趣，首先不要让自己变成工作的奴隶，而要把自己变成工作的主人。无止境的日夜工作正如无禁忌的追逐玩乐一样的不可取。带给自己工作乐趣不是最后达到的终点，而应当是工作的历程。

态度的不同，决定了最后结果的优劣。

一个年轻人这样描述他是如何对待自己的工作的，他说：“我现在完全为我的工作所陶醉了，我简直不能自拔。每天早晨，我都十分渴望能够尽快地投入到自己的任务中，而当晚上放下工作时，我会感到十分的惋惜，就像一个天生的画家，在黄昏到来之时，会为自己不得不放下画笔而遗憾。”

一个对自己的工作如此热情的年轻人，他的未来根本无需担心。爱尔伯特·马德说：“一个人，如果他不仅能够出色地完成自己的工作，而且还能够借助于极大的热情、耐心和毅力，将自己的个性融入到工作中，令自己的工作变得独具特色，独一无二，与众不同，带有强烈的个人色彩并令人难以忘怀，那么这个人就是一个真正艺术家。而这一点，可以用于人类为之努力的每一个领域：经营旅馆、银行或工厂，写作、演讲、做模特或者绘画。将自己的个性融入到工作之中，这是具有决定性意义的一步，是一个人打开天才的名册，将要名垂青史的最后三秒钟。”

而另外一种相反的情况是：

有个老木匠向老板递了辞呈，准备回家与妻子儿女享受天伦之乐。老板舍不得他的好员工离开，问他能否帮忙建最后一座房子，老木匠欣然允诺。但是，显而易见，他的心已不在工作上，他用的是废料，出的是粗活。等到房子竣工的时候，老板亲手把大门的钥匙递给他。“这是你的房子，”他说，“我送给你的礼物。”他震惊得目瞪口呆，羞愧得无地自容。如果他早知道是在给自己建房子，他怎么会这样漫不经心、敷衍了事呢？现在他只好住在自己建造的一幢粗制滥造的房子里！

每个人都能成为自己的艺术家，不需要多么充分的准备，不需要多么完备的知识，仅仅只是态度的原因。只要有成为艺术家的态度，那么所有的一切将因此而发生变化。这种态度的改变也并不困难，只需要一点点对待工作的负责、认真、积极、主动、敬业的改变，再加上一点点改变的勇气。

哈佛大学曾做过一个著名的实验。在一群智力与年龄都相近的青年中进行了一次关于人生目标的调查，结果发现：3% 的人有十分清晰的长远目标；10% 的人有清晰但比较短期的目标；60% 的人只有一些模糊的目标；27% 的人根本没有目标。25 年后，哈佛大学再次对他们做了跟踪调查，结果令人十分吃惊！那 3% 的人全部成了社会各界的精英，行业领袖；那 10% 的人都是各专业各领域的成功人士，生活在社会的中上层，事业有成；那 60% 的人大部分生活在社会中下层，胸无大志，事业平平；那 27% 的人过得很不如意，工作不稳定，入不敷出，常常抱怨社会，抱怨政府，怨天尤人。

对于年轻人来说，不管现在他多么贫穷或者多么笨拙，只要他有着积极进取的心态和成就事业的态度，我们就不应该对他失去信心。对于一个渴望着在这个世界上立身扬名、成就一番事业的人来说，任何东西都不是他前进的障碍；不管他所处的环境是多么的恶劣，也不管是否面临艰难险阻，他总是能通过积极的态度所产生的内心力量来驱动自己，脱颖而出，勇往直前。

认真箴言

工作是一个态度问题，是一种发自肺腑的爱，一种对工作的真爱。工作需要热情和行动，工作需要努力和勤奋，工作需要积极主动、自动自发的精神……以良好的态度对待工作，我们才可能获得工作所给予的最高奖赏。平凡与平庸的最大区别在于：平凡的人可以把平凡的工作做伟大，平庸的人使崇高的工作变卑下。而产生这种区别的根本原因就在于，两种人不同的生活态度、工作态度、人生态度。成功的人生需要拼搏、奋斗，更需要坚韧和勤劳，但这一切都源于态度。从这种意义上来说，态度，能够改变人生，更能够铸就辉煌的人生。

尽心尽力，态度比能力更重要

态度越积极，决心越大，对工作投入的心血也越多，从工作中所获得的回报也就相应地越多。

每个人都有不同的工作轨迹，有的人成为公司里的核心员工，受到老板的器重；有的人一直碌碌无为；有些人牢骚满腹，总认为与众不同，而到头来仍一无是处……众所周知，除了少数天才，大多数人的禀赋相差无几。那么，是什么在造就我们、改变我们？是“态度”！态度是内心的一种潜在意志，是个人的能力、意愿、想法、感情、价值观等，在工作中所体现出来的外在表现。

能力是做好一项工作的重要条件，不具备相应的能力，就无法做好相关的工作，解决相关的问题。但是，光有能力是远远不够的。我们看到很多空有一身才华，却在工作上无所作为的人，有的甚至一事无成。究其原因，和对待工作的态度有着密切的关系。

工作的态度体现在日常工作中的每一处。有人在雨天对公共汽车停车的方式作过观察，在一个路边有宽 100 公分积水的车站，有 8 个司机把车停在距候车乘客 180 公分左右的地方，这个位置，一般乘客无法一步上车，大部分人要涉水上车，还有 4 名司机快速驾车驶进站台，用溅起的泥水与乘客“打招呼”，只有两名司机将车停在乘客抬脚即可登车的地方。停在标准的位置，让乘客安全方便地登车，这一点在技术上对哪个专业司机都不难，但因为工作态度上的差别，工作的结果就完全不同。可见，人的能力其实是相差不远的，差距最远的是工作的态度。

艾伦十多岁的时候，利用假期在南达科他州祖父的农场里，开始他的第一份工作——赤手去捡牧场上的牛粪饼！一般人都不愿意做，可艾伦做得好极了，即使这看上去实在不算好工作，但他很认真地在做，并取得了很大的成绩，仅仅一个假期，祖父的储草间里，全是他的工作成果。

一年后，又到了假期打工的时候，艾伦的祖母开着福特车来接他，并告诉他说："艾伦啊，祖父就要把你想要的新工作给你了。你将拥有自己的马匹去放牧，因为去年夏天你捡牛粪时表现得极其出色。"这样，他在工作岗位上得到第一次提升，他很开心。一个小小的信念也在他脑袋中生根发芽。

后来，艾伦成为南达科他州一名每星期赚 1 个美元的肉铺帮工，这份工作在别人看来很脏很累，但是艾伦却没有嫌弃，仍然努力做好肉铺师傅下达的每项任务。也正因为他的态度，不久，一次机遇，让他成为了美联社的一个实习生，后来，他成为了每星期 50 美元的美联社记者。而态度端正地去工作，也成为艾伦工作的信条。很多年过去，最后，他成了年薪 150 多万美元的首席执行官。

艾伦·纽哈斯现在是全美国受人模仿最多、阅读面最广的报纸《今日美国》的总裁。回想起童年的生涯，他只感叹了一句：工作的态度决定了人的一生的命运。

事实上，很多的公司现在越来越重视人员的态度，态度在一定程度上比技能更重要。日本的经营之神松下幸之助不爱用那些“顶尖”人才。因为这种人往往自负甚高，容易抱怨环境，抱怨职务、待遇与自己的才能不相称。持这种态度的人，往往对工作缺乏责任心和工作热忱，干起工作来不会出色，他拥有的那点才能也发挥不出来。而能力仅仅及这类人70%的人，能力虽然不够高，但往往没有一流人才的傲气，工作踏实、肯干，反而能够为公司尽心尽力。因此，松下对公司雇用到能力只能打70分的中等人才，不仅不生气，反而说这是“公司的福气”。松下本人就认为自己也不是“一流”人才，给自己打的分数也只是70分，但是他的态度分，肯定比那些“一流”人才要高得多。

我们往往会发现那些成天抱怨，到处求职的人却都是一些受过专业教育，能力比较突出的人。也正是这点成了他们出走的“罪魁祸首”，因为这让他们蒙蔽了双眼，认为自己就应该是高高在上，自然也就无法正确地对待工作。

在企业之中，我们可以看到形形色色的人。每个人都有自己的工作态度。有的勤勉进取；有的悠闲自在；有的得过且过。工作态度决定工作成绩。我们不能保证你具有了某种态度就一定能成功，但是成功的人们都有着一些相同的态度。

企业中普遍存在着三种人。

第一种人：得过且过。

玛丽的口头禅是：“那么拼命为什么？大家不拿同样一份薪水吗？”

玛丽从来都是按时上下班，从不行差踏错；职责之外的事情一概不理，分外之事更不会主动去做。不求有功，但求无过。

一遇挫折，她最擅长的就是自我安慰："反正晋升上去是少数人的事，大多数人还不是像我一样原地踏步，这样有什么不好？"

第二种人：牢骚满腹。

史密斯永远悲观失望，他似乎总是在抱怨他人与环境；认为自己所有的不如意，都是由于环境造成的。

他常常自我设限，让自己本身无限的潜能无法发挥；他其实也是一个有着优秀潜质的人，然而，却整天生活在负面情绪当中，完全享受不到工作的种种乐趣。

他总是牢骚满腹，这种消极情绪会不知不觉传染给其他人。

第三种人：积极认真。

在企业里经常可以看到桑迪忙碌的身影，他热情地和同事们打着招呼，精神抖擞，积极乐观，永争第一。

桑迪总是积极地寻求解决问题的办法，即使是在项目受到挫折的情况下也是如此。因此，他总能让希望之火重新点燃。

同事们都喜欢和他接触，他虽然整天忙忙碌碌，但却始终生活在正面情绪当中，时刻享受工作的乐趣。

一年后，玛丽仍然做着她的秘书工作，上司对她的评价始终不好不坏。一年一度的大学生应聘潮又开始了，上司开始关注起相关的简历来，也许，新鲜的血液很快就会补充进来。

在公司里人们已经很久没有见到史密斯，去年经济不景气，公司裁员，部门经理首先就想到了他。经济环境不好，公司更需要增加业绩，团结一致，史密斯却除了发牢骚，还是发牢骚。第一轮裁员刚刚开始，史密斯就接到了解聘信……

而桑迪还是那么积极认真，忙碌的身影依然随处可见，他已经从销售员的办公区搬走，这一年，被提升为销售经理，新的挑战才刚刚开始。

玛丽、史密斯、桑迪三人，一个面临失业的危险，一个已经被解聘，一个得到晋升。这并不是说得到晋升的桑迪比史密斯、玛丽在智力上更优越，而是不同的工作态度导致的。尤其是在一些技术含量不高的职位上，大多数人都可以胜任，能为自己的工作表现增加砝码的也就只有态度了。这时，态度也是你区别于其他人，使自己变得重要的一种能力。

那些慵懒怠惰的人、那些态度上不具备竞争力的人只注重事物的表象，无法看透事物的本质。他们只相信运气、机缘、天命之类的东西。看到他人工作出色，他们就说："那是天分。"看到人家屡次加薪，他们就说："那是幸运！"发现有人为老板所重用，他们就说："那是机缘。"

事实上，不管你所工作的机构有多庞大，甚至也不管它有多么糟糕，每个人在这个机构中，都能有所作为。某些上司可能对员工的工作设置障碍，或对员工的出色表现视而不见，或者不能充分赏识和鼓励；也有一些上司愿意对员工进行培训，改善他们的业绩，并给予鼓励。但不管环境的利弊，最终，卓越的工作表现，都需要积极的态度。

一开始，你会觉得坚持这种态度很不容易，但最终你会发现这种态度会成为你个人价值的一部分。而当你体验到他人的肯定给你的工作和生活所带来的帮助时，你就会一如既往地秉持这种态度做事。

认真箴言

在公司，员工与员工之间在竞争智慧和能力的同时，也在竞争态度。一个人的态度直接决定了他的行为，决定了他对待工作是尽心尽力还是敷衍了事，是安于现状还是积极进取。态度越积极，决心越大，对工作投入的心血也越多，从工作中所获得的回报也就相应地越多。

忠诚，与企业同患难，共命运

忠诚是人类的美德，是事业成功的基石。

对事业高度的忠诚一旦养成，会让你成为一个值得信赖的人，可以被委以重任的人。一个忠诚的员工，能给他人以信赖感，让老板乐于接纳，更为自己的职业生涯带来莫大的益处。危难正是最能考验忠诚的时候，对那些能够勇敢地去为企业承担困难的人，他得到的回报会与之成正比的。员工的忠诚对于个人和企业来说都是重要的且必需的，是一种承诺和规则，是企业实施战略管理的需要。

忠诚不仅是一种品德，更是一种能力。忠诚作为一种能力，它是其他所有能力的统帅和核心，因为如果一个人缺乏忠诚，他的其他能力就失去了用武之地。在激烈的竞争中，人才之间的较量，已经从单纯能力对比延伸到了品德方面的对比。在所有的品德中，忠诚越来越得到组织的重视，因为只有忠诚的人，才可能有资格成为优秀团队中的一员。格力空调总经理董明珠高度忠诚于所在的企业，她从一个业务员做起，兢兢业业，一步一步走到今天，用汗水与智慧把格力打造成为中国最具知名度的空调品牌之一。

忠诚建立信任，忠诚建立亲密。只有忠诚的人，周围的人才会信任你、承认你、容纳你；只有忠诚的人，周围的人才会接近你。老板在招聘员工的时候，绝对不肯把一个不忠诚的人招进去；

客户购买商品或服务时，也绝对不会把钱掏给一个缺乏忠诚的人；与人共事，也没有谁愿意和一个不忠诚的人合作；交友，也不会选择不忠诚的朋友；组建家庭，那更是要看对方对自己是否忠诚，对方又是否值得自己付出忠诚……总之，人活着，就离不了忠诚。

忠诚不谈条件，忠诚不讲回报。忠诚是一种与生俱来的义务，忠诚是发自内心的情感。忠诚让工作变得更有意义，忠诚赋予你工作的激情，忠诚的人感觉工作是享受，不忠诚的人感觉工作是苦役。

拿破仑说过：没有忠诚的士兵，没有资格当士兵。同理，没有忠诚的员工，没有资格当员工。

有时，你会发现，老板总是“刁难”你，这是因为他器重你，他想考查你的忠诚度。一旦考查证明你确实忠诚，你就将被重用。当然，无论是出自内心的给予，还是情愿让老板“刁难”你，忠诚都是一种感情和行动的付出，有付出就一定有回报。

朗讯 CEO 鲁索说：“我相信忠诚的价值，对企业的忠诚是对家庭忠诚的延续，我从柯达重回朗讯，承担拯救朗讯的重任，这是我对企业的一份忠诚。我一直把唤起员工对企业的忠诚作为自己努力的目标。”

世界上很多顶级的 CEO 都把忠诚作为企业文化中的重要组成部分，或者把忠诚作为员工对于企业的一种精神理念，用来增强整个企业的凝聚力。

忠诚无论作为一种优秀的传统精神，还是作为现代企业的一种企业精神，它不仅护卫责任，它本身也是一种责任。在一个企业里，老板需要的是一批忠诚于企业的员工。因为忠诚，他们才能尽心尽力，尽职尽责；因为忠诚，他们才能急企业所急，忧企业所忧；因为忠诚，他们才敢于承担一切。

作为企业中的一员，应与企业共存亡，如果你对于企业的机密像保卫自己的前途，甚至保护自己的生命一样保护他，那么，你一定会得到老板的信赖。

尤其是在巨大的私利面前，保守工作中的机密，这是一个人忠诚的最好体现。在竞争日益激烈的现代职场，一个能严守机密的员工，更能受到老板的欢迎。因为，在信息高速发展的今天，各个领域都离不开信息，信息的安全保密关系着一个企业的兴衰。所以，每一个企业的老板都希望自己的员工具有高度的保密意识，牢固的保密安全观念。即使离职，也不能将过去工作过的机密透露给他人，特别是竞争对手。

在一些高新技术企业，保守机密视为员工基本的职业操守之一，尤其对于知识型员工及高层管理者，他们了解大量的核心技术和商业机密，这是企业至关重要的核心。所以很多企业对主要技术人员和中高级管理人员都要签订保密协议。一旦签订保密协议，就表明你对这个组织有了一份庄严的承诺。遵守你的承诺，在任何地方都会得到赏识。

一个忠诚的员工，总会受到老板的青睐，进而加以重用。这一点，在一家电子公司的高级工程师斯特身上，我们就能真切地体会到。

当时，这家电子公司正面临赫赫有名的比利孚公司的挤压，处境非常艰难。

有一天，比利孚电子公司的技术部经理邀请斯特共进晚餐。在饭桌上，这位经理对斯特说：“只要你把公司里最新产品的数据资料给我，我就会给你一个出乎意料的回报，怎么样？”

一向温和的斯特一下子就愤怒了：“请你不要再这样说！我的公司虽然效益不好，处境艰难。但我决不会出卖我的人格，做这种事，我不会答应你的任何要求。”

“对不起。”这位经理不但没生气，反而颇为欣赏地拍拍斯特的肩膀说：“这事当我没说过。来，干杯！”

过了段时间，他所在的公司因经营不善而破产。斯特失业了，没过几天，他突然接到比利孚公司总裁的电话，让他去一趟总裁办公室。

他疑惑地来到比利孚公司，出乎意料的是，总裁热情地接待了他，并且拿出一张非常正规的聘书——聘请斯特去公司做技术部经理。

斯特惊呆了，喃喃地问：“你为什么这样相信我？”

总裁微笑着说：“原来的技术部经理退休了，他向我说起了那件事并特别推荐了你。年轻人，你的技术水平是出了名的，你对工作的忠诚更让我佩服，像你这样的人，任何一个企业都会欢迎你的，我们当然要先把你抢到手！”

斯特一下子醒悟过来。后来，他凭着自己的技术和管理能力，成为了一流的职业经理人。

显然，假如斯特当时没有拒绝比利孚公司技术部经理的诱惑。那么，后来的好机会是不可能降临到他头上的。

培养一个人的保密习惯，需要从一点一滴，每一个细节，尤其是那些很容易被忽略的事情做起。

实际上，公司的任何资料都含有一定的信息。一些文件如材料购买清单、银行往来记录，甚至连员工宿舍扩建计划等等，虽看似是普通文件，但对某些特定对象而言，是极具有利用价值的，一旦泄密，将造成不可挽回的损失。

当然，判断什么样的文件应划入机密文件当中确实很难。因此，作为公司的一员，你必须养成一个好习惯：不要随便把公司的文件给外人看。

除了文件的保管要谨慎之外，在与客户接触时也要养成谨言慎行的习惯，管好自己的嘴，避免和外人说起公司内部的事。比如，公司考虑要投资新产品的开发，你总是口无遮拦，在闲聊中把它透露出去，这就让竞争同行有了准备。再比如，你很可能在闲谈中说："最近，某某公司与我们接触频繁。公司副总将于下月去某地与其进一步洽谈业务合作事宜……"该消息若传到公司对手那里，他就有可能比你们公司副总早一天抵达，而与对方签订协议。

一旦养成保密习惯，老板才会放心地把重要任务交给你，让你把握公司的前途。同样，坚守秘密的你也就保住了自己的前途。对工作的忠诚是你无往不胜的法宝，就像斯特那样因为忠诚的品格，成为了原本行业竞争对手的抢手人才。

任何一家企业的发展和壮大都是靠员工的忠诚来维持的，同样，一个员工也只有具备了忠诚的品质才能受到老板的器重，最终取得事业上的成功，凯特就是这样由一个普通的打字员一步步走向成功的。

由于学历太低，凯特最初只能在一家房地产公司做电脑打字员。她知道，只有工作认真刻苦和对公司的绝对忠诚才是她和别人竞争的资本。她处处为公司打算，打印纸不舍得浪费一张，如果不是要紧的文件，她会把一张打印纸两面用。

一年后，公司资金运作困难，人们纷纷跳槽，最后总经理办公室的工作人员就剩下凯特一个。人少了，她的工作量也加重了，除了打字，还要做些接听电话、为老板整理文件的杂活儿。最后，她还负责公司楼盘项目的策划，过了2个月，经她策划的那个位置不算好的楼盘先期全部售出，凯特为公司拿到3800万美元的支票，公司终于有了起色。

以后的几年里，凯特成为了公司的副总经理，帮着老板做了好几个大项目，为公司净赚了600万美元。

有人曾问过凯特是如何成功的，她微笑着说："只有两个字：忠诚。"

恩坦因曼思是德国的一位工程技术人员，因为失业和国内经济不景气，不远千里来到美国，希望在北美这块热土上找到自己的梦想。

但举目无亲的他根本无法立足，只得到处流浪。最后他幸运地得到一家小工厂老板的看重，聘用他担任生产机器马达的技术人员。

恩坦因曼思是一个对工作极其严谨而富有钻研精神的人，很快他便掌握了马达的核心技术。

1923年，美国福特公司有一台马达坏了，公司所有的工程技术人员都未能修好。正在焦急万分的时候，有人推荐了恩坦因曼思，福特公司就派人请他来。

他来了之后，什么也没有做，只是要了一张席子铺在电机旁，聚精会神地听了三天，然后又要了梯子，爬上爬下忙了多时，最后他在电机的一个部位用粉笔画了一道线，写上“这儿的线圈多绕了16圈”几个字。福特公司的技术人员按照恩坦因曼思的建议，拆开电机把多余的16圈线取走，再开机，电机正常运转了。

福特公司的总裁福特先生得知后，对这位德国技术员十分欣赏，先是给了他一万美元的酬金，然后又亲自邀请恩坦因曼思加盟福特公司。但是恩坦因曼思却对福特先生说，他不能离开那家小厂，因为那家小工厂的老板在他最困难的时候帮助了他，他要与小工厂共荣辱。

福特先生先是觉得遗憾万分，继而又感慨不已。福特公司在美国是实力雄厚的大公司，人们都以进福特公司为荣，而恩坦因曼思却因为忠诚而舍弃如此好的机会。

不久，福特先生作出了一个决定，收购恩坦因曼思所在的那家小工厂。

董事会的成员都觉得不可思议：这样一家小工厂怎么会进入福特先生的视野？

福特先生说：“人才难得，忠诚更难得，因为那里有恩坦因曼思。”

确实，有很多人一面在为公司工作，一面又在打着个人的小算盘，一旦公司遇到挫折，他们就另辟蹊径去追求自己的利益。对于这样的人，虽然看似他们在职场中有着自己的位置，但那也只能是暂时的，他们终将会为自己的不忠诚吞下苦果。

认真箴言

忠诚至上是企业用人的至高准则。忠诚的员工永远都是老板的最爱。企业离不开员工的忠诚，员工要成就自己的事业也离不开忠诚，只有既拥有个人能力又具有高度忠诚的员工，才能在企业里占据要职，也才能在自己的事业上大展宏图。因此，不要再将自己置身于外了，把企业的事业当作自己的事业来做，努力培养自己的忠诚精神吧！

用最敬业的态度，创造最卓越的成果

只有敬业，才能让你在工作中出类拔萃。

敬业精神是一个常谈常新的老话题，为什么专门谈这个问题，就是因为敬业精神太重要了。搜狐总裁张朝阳先生是这样评价敬业精神在工作中的重要性的："我公司聘人的标准是敬业精神。我认为，工作是一个人自下而上的基本权利。有没有权利在这个世界上生存则看他能不能认真地对待工作。公司给一个工作，实际上是给一个生存的机会，如果能认真地对待这个机会，也才对得起公司给予的待遇。能否干好公司给的工作，能力不是主要的；能力差一点，只要有敬业精神，能力会提高的。"

詹姆斯·H·罗宾斯是美国伟大的职业成功学家，是继本杰明·富兰克林、阿尔伯特·哈伯德之后又一位美国敬业精神的阐释者。他认为："敬业，就是尊敬、尊崇自己的职业。如果一个人以一种尊敬、虔诚的心灵对待职业，甚至对职业有一种敬畏的态度，他就已经具有敬业精神。但是，他的敬畏心态如果没有上升到视自己职业为天职的高度，那么他的敬业精神就还不彻底、还没有掌握精髓。天职的观念使自己的职业具有了神圣感和使命感，也使自己生命信仰与自己的工作联系在了一起。只有将自己的职业视为自己的生命信仰，那才是真正掌握了敬业的本质。"

艾恩是一名铁路工人，跟铁路打了一辈子的交道。他的工作地点是一个很小的车站，坐落在几乎不被人知道的小地方洛顿克劳斯，每天大约只有两列火车在这个小站进出。艾恩身兼三职，既是小站的站长，又是列车员和信号员。其实，小站只有他一个人，这里大大小小的事务都归他管。

在外人眼里艾恩的工作比白开水还枯燥无味，但是他却不这样认为，他热爱自己的工作：清洁候车室，擦拭座椅，售票检票的工作都是他一个人的活儿。小车站被他管理得井井有条。

他在这个小车站工作了50年，在这50年没有请过一天假，没有一天玩忽职守。他在工作上的出色表现，得到铁路公司领导的认可，在他退休的那天，为他安排了一个小型的告别仪式，并委派约瑟夫爵士亲临小站主持仪式。

艾恩对那张作为礼物赠送的支票表示感谢，他十分高兴。但是，他对约瑟夫爵士说："钱可以让我享受更优越的生活，但是我更需要一件能经常回忆起小站快乐时间的东西。"这个要求令约瑟夫爵士非常惊讶，他问老人想要什么。

"能不能给我一节旧车厢？"他紧张地注视着约瑟夫爵士的眼睛，急切地解释，"多旧多破都没关系。我可以把它修理好，擦洗干净，我现在已经退休了，有很多无聊的时间需要打发。我要把旧车厢放在自家的后花园里，每天去车厢里坐一坐，会让我想起在洛顿克劳斯小站度过的美好时光。"

听完老艾恩的请求，约瑟夫爵士差点儿笑出声儿，认为这个可怜的老头脑子出了毛病。铁路公司旧车厢多得是，反正也只能回炉。于是，他答应了艾恩的要求："好吧，如果这就是你想要的东西，那么你可以得到它。”大约一星期后，一节旧火车车厢运进了艾恩家的后花园里。艾恩还像在洛顿克劳斯车站上班一样，每天都在废旧的车厢里忙碌，没过几天，将那节旧车厢收拾得焕然一新。

一年后的一天，艾恩的弟弟阿尔伯特来探望他。

那天下起牛毛细雨，阿尔伯特刚下火车，雨就大起来，到艾恩家时雨越下越大。阿尔伯特敲了敲前门，无人应门。试着推了下门，门没有上锁。他走进屋里，到处找不到艾恩。阿尔伯特猜想他一定在后花园的旧车厢里。果然，刚走进后花园，阿尔伯特就看见艾恩坐在车厢外面的阶梯上，嘴里还叼着一支烟。

他披着雨衣坐在那里，凝视着他心爱的旧车厢，雨水顺着他的后背往下流淌，可是他却没有感觉到。

“艾恩。”阿尔伯特走过去，俯下身子问，“你干吗不坐在车厢里面？”

“你难道没看见吗？”艾恩严肃地说，“铁路公司给我的这节车厢是一节‘禁止吸烟’的车厢！”

艾恩早已不是站长了，但是他仍然坚持原来的规则，他的敬业精神令人感动。

敬业之所以能够持久下去，很重要的一个内因是敬业者的自律。也就是说，敬业者要认真卖力、充满虔诚地、全身心投入地对待自己的工作。

敬业者往往信念坚定，不随意摇摆，少为外界风浪所动，愿意为自己所钟情和信奉的事业献身，无怨无悔。有时，这意味着无人喝彩，坐冷板凳，甚至永远没有出头之日。如此，职业就成了一种事业、一种信仰、一种使命，是一个人生命的意义和存在的价值。

员工敬业的基本体现主要在以下几方面：

珍惜自己的工作机会。

热爱自己所就职的企业。

认真遵守企业的规章制度。

工作认真负责，认真履行岗位职责。

积极主动地承担责任和压力，为企业排忧解难。

积极学习，追求事业上的成就。

积极主动地与同事协作。

在企业需要的时候为企业做出最大的奉献。

具有敬业精神的员工是每个老板都希望得到的。因为，在本职岗位上发挥所长的员工比一般员工效率高几倍，而且敬业员工的成本大大低于怠工的员工，是企业增长和利润的主要贡献者。他们油然而生的激情帮助企业与顾客建立长期而紧密的关系，继而确保可持续发展。在优秀的组织中，敬业员工是怠工员工的4倍。

敬业精神也是一种职业道德，是责任心在职业上的体现。我们都是生活在社会里，各自承担着一份或几份职业；只有每个人都很好地各司其职，这个社会才能正常运转。就像是大家都在一条船上，有的掌舵，有的划桨、有的张帆，如果其中有一人不能尽职尽责，就势必会影响整条船的运行；如果其中有许多人都不能尽职尽责，那就麻烦了。

“敬业”品质不高的最常见的表现，就是以消极的“打工”意识和心态对待工作，简单敷衍了事。如果你在工作中仅仅做到了不迟到、不早退、不违规、不犯错，但没有做到尽心投入、认真负责、积极主动，是不能被称为敬业的。

汤姆逊是一家咨询公司的员工。他受过良好的教育，才华横溢。但是他在这家公司工作很长时间了，并且他给人留下的印象是一个兢兢业业的人，但是久久得不到提升。问题在哪呢？用上司的话来说，汤姆逊看似勤奋，实则懈怠。

汤姆逊整日坐在办公室，但更多的时候都在考虑如何消磨时间，以及思考怎样逃过一项艰难的工作和应付上司的监督。在工作时间，他虽端坐在自己的位子上，但他的心并不在此，他在想着昨晚的球赛或今天晚上下班后到哪里去玩。一旦工作推不过，不得不做时，他也是应付了事，根本不会考虑这样做会有什么影响或给公司造成怎样的损失。

虽然在几年的工作中，他没有犯过错误，但也没做出成绩，公司渐渐把这个才华横溢的人“遗忘”了。所以，他一直还在做着平凡普通的工作。

出勤不出力，这是很多员工的通病。只出勤不出力的员工算不得敬业的员工，每个员工都应该清楚这一点。但是，这样的员工仍不在少数。他们从不把心思放在工作上，但善于在老板面前装装样子。他们看上去忙忙碌碌，却并不用心，只是用这种忙碌的假象来欺瞒众人。他们见了责任就躲，不肯多做一点分外事。

每天他们按部就班地上班、下班，到了固定的日子领回自己的薪水，高兴一番或者抱怨一番之后，再重复老样子，上班下班……

事实上，在老板眼里，衡量员工是否敬业的标准并不仅仅取决于“出勤率”。在任何一家企业里，最受欢迎的永远是那些能够为企业带来价值的员工。管理专家认为，老板在升职和加薪时考虑最多的，是员工对于企业的未来有没有帮助。

有一个集团公司的行政总监，原来只是公司行政部的普通职员。他进入公司就非常努力、敬业。很多工作虽然不是他分内的事，但他也主动做得尽善尽美。他每天第一个到办公室，最后一个离开。虽然没有人承诺给他加班费，他还是经常加班，为的是不让工作拖到第二天。

虽然有同事嘲讽他，但他不在乎，依然坚持自己的工作态度和做事原则。因为他做得多，对公司了解得也多，掌握的技能也越多，公司也就越需要他。

他的表现，部门经理看在眼里，总经理也看在眼里。总经理在交了一两件事给他办之后，对他产生了信任，之后便交给他更多的任务让他完成，并有意让他参与公司的一些重要会议。

总经理给他增加任务实际上是在考察和培养他。总经理早对原来的行政经理不满，那个行政经理年龄虽不大，却一副老气横秋的样子，自负傲慢又不肯承担责任，出了问题总为自己找一大堆借口。

在经过一段时间的考察和培养后，总经理决定，解聘原来的行政经理，让这个普通职员取而代之。这个年轻人只在刚上任的一两个月里感到有点吃力，之后就游刃有余了。

可见，成功源于敬业。老板最欣赏那些具有实干敬业精神的员工，将敬业精神彻底融入你的工作当中，你才能得到老板的重用，赢得未来。无论从事什么行业，只要你尽心尽力去做，一定会出类拔萃。

以高度的敬业精神做好自己的工作，才能把工作做好，得到老板的青睐，否则就会沦于平庸。敬业才会使你出类拔萃，当你把自己融入工作当中，积极主动地改进工作方法，你一定会给自己带来更好的工作机会。

认真箴言

我们面临的是越来越激烈的竞争，一个人、一个企业，乃至于一个国家的敬业精神如何，在很大程度上决定着其能否在这种竞争中生存。企业在选择员工的时候，都会有一些特殊的要求，但唯独在一点上是一致的，那就是都希望自己的员工是一个敬业精神强的人。对一个企业来说，敬业的人越多，敬业精神越强，工作效率就越高，竞争力就越强，潜力就越大，发展就越迅速。

打起精神，用激情对待工作

如果我们能以满腔的热忱去做最平凡的工作，就能成为行业的佼佼者。

热情，就是一个人保持高度自觉，就是把全身的每一个细胞都调动起来，完成他内心渴望完成的工作。所有的人都具备工作的热情，只不过有的人用习惯将热情深深地隐藏起来。一个没有热情的员工，他始终完不成自己的工作，更别说做出创造性的业绩了。

热情是一种强劲的激动情绪；一种对人、事、物的信仰；一种强烈的情感。就是在极其平凡的职业中，极其低微的岗位上，也不自暴自弃，永远让心保持高昂的姿态。只有把自己的工作做得更完美，全力以赴，自己才会有发挥本领的机会。满足心中的渴望，这就是一种热情，因为渴望本身就是一种不平凡的热情。

热情是任何成功都必须具备的一个非常重要的品质。牛顿曾经说过："无知识的热心，犹如在黑暗中远征。"同理，光有知识或者能力，而没有工作热情，也不能取得工作的进步，只会原地不动。

热情，能让一个人的潜能得到充分地发挥；热情，可以让一个员工在众多的同事中脱颖而出。在现代企业中，充满竞争性的工作更是呼唤热情！

"企业需要带着热情去工作的人！"某科技集团股份有限公

司人力资源人士表示，“我们在对外招聘时，特别注重人才的基本素质。除了要求求职者拥有扎实的专业基础外，还要看他是否有工作激情。一个没有工作激情的人，我们是不会录用的。”

“热情是一种强劲的激动情绪，一种对人、对工作和信仰的强烈情感。”另一位著名公司的人力资源总监说，“一个没有工作热情的员工，不可能高质量地完成自己的工作，更别说创造业绩。大至历史事件，小到生活、学习、工作，只有那些对自己的愿望有真正热情的人，才有可能把自己的愿望变成美好的现实。”

是的，倘若你没有完成工作的热情，那你在任何岗位上都无法崭露头角。如果把自己从事的工作视为爱好，就会做出惊人的成绩；如果把自己所从事的工作视为负担，其一生决无成果。

如果有火一样的热情，就必定能使自己的一切都得到改变，成为你想象中的另一个人。

克劳斯就是这样的一个人，他是一家公司的推销员，是一个给人好感的忠厚之人，但缺少一些气魄，同事们讽刺他是“地狱最下层的人”，这是指他是公司里业绩最少的推销员。公司虽然很欣赏克劳斯的人品，但也只能考虑让他走人。

但就在这个时候，克劳斯突然爆发了巨大的热情，开始积极地工作，营业额开始逐渐上升，一年后已经成为公司的王牌推销员，又过了一年，他竟然成为国内销售冠军。

在全国推销员的表彰大会上，克劳斯受到了董事长的表扬。董事长给克劳斯授完奖以后说：“我从来没有这样高兴地表扬过人。你是一个杰出的推销员。不过，你的营业额高速增长，这巨大的转变是怎么实现的呢？能不能让大家分享一下你的成功秘诀呢？”

克劳斯并不擅长言辞，他好像有点害羞地说：“董事长先生及各位先生女士们。过去我曾因为自己是个失败者而垂头丧气，这一点我记得很清楚。有一天晚上，我看到一本书，上面写着‘工作需要热情’，我忽然好像领悟到了什么一样，我不能再这样下去了，我找到了以前失败的原因——对工作缺少热情，我相信，我会改变的。第二天一大早，我就上街从头到脚买了一套全新的衣服，包括西装、内衣、袜子、衬衫、皮鞋、领带等所有的衣物，我需要全面地改变自己。回家以后我又痛痛快快洗了个澡，头发也洗干净了，同时也把脑子里消极的东西全都洗出去了。然后我穿上刚买的新衣服，以前所未有的热情开始出去推销了。然后，我的营业额开始上升，越来越顺利。这就是我转变的过程，非常简单。”

克劳斯的转变，是因为他唤起了对工作的热情。热情可以把一个人变成另外一个完全不同的人，这是一个多么令人激动的转变呀！

其实，许多员工在工作上之所以不顺利甚至失败，就像是起初的克劳斯一样，缺乏对工作的热情。

查理·琼斯提醒我们：“如果你对于自己的处境都无法感到高兴的话，那么可以肯定，就算换个处境你照样不会快乐。”换句话说，如果你现在对于自己所拥有的事物、自己所从事的工作或是自己的定位都无法感到一丝热情，那你肯定无法获得成功。

所以就算工作不尽如人意，也不要愁眉不展、无所事事，要学会掌控自己的情绪，激发自己的热情，让一切都变得积极起来。

成功的人士都懂得，有什么样的态度，就会做出什么样的选择。那些等待别人来帮助自己点燃热情火花的人是不太可能成功。积极的人则会选择热情的态度。如果你想成为一个积极、乐观、充满热情的人，你就需要有勇气为选择这样的生活态度而负起责任。

一个人怎样才能产生热情呢？一个最好的办法就是以积极的态度全面想想自己工作的好处，发掘那些积极的方面，从而促使自己行动起来。这有助于点燃你内心的热情之火，热情的火焰一旦点燃，你下一步该做的就是不断加柴，保持火苗越来越大。

如果你想更热情些，就与其他热情者待在一起。曾在成功者的心理学方面著书立说的专家邓尼斯·韦特利说："热情有传染力。当一个热情的人出现时，其他人就很难再无动于衷地保持冷漠。"当你将热情者组成一个团队，这个团队的能量将是无穷的。

热情是工作的灵魂，甚至就是生活本身。如果不能从每天的工作中找到乐趣，仅仅是因为要生存才不得不从事工作，仅仅是为了生存才不得不履行职责，这样的人注定是要失败的。

许多人对工作没有热情，总是把原因归咎于自己的工作缺乏创造性，导致自己缺乏对工作的热情。

其实，缺乏热情的深层原因还在于他们自己的内心深处有一种对热情的畏惧。

许多人生活在一种被束缚、被阻碍的不好的环境中，生活在足以泯灭热情、丧失志向、分散精力、浪费时间的氛围中。他们没有勇气去斩除束缚他们的桎梏，也没有毅力去抛弃旧有的一切。终于，他们的志向会因没有成绩、不断失望而归于死灭。

许多员工，本来也对工作充满了热情，也有志于表现他们自己，但被过度的胆怯与缺乏自信所束缚、所阻挡，他们自己觉得内在的力量跃跃欲试，但总害怕着失败而不敢行动。

怕别人讥讽和嘲弄，害怕流言蜚语，这种恐惧心理会导致他们不说话，不敢做事，不敢冒险，不敢前进。他们等待又等待，希望有一种神秘的力量，可以释放他们，并给予他们以信心与希望。

现在开始发掘你的热情吧！其实这并不是一件很难做的事，关键是你要行动。

道格拉斯是一家公司的采购员，他非常认真而刻苦地工作，对工作有一种近乎狂热的热情。他所在的部门并不需要特别的专业技术，只要能满足其他部门的需要就可以了。但道格拉斯千方百计设法找到最物美价廉的供应商，买进上百种公司急需的货物。

他兢兢业业地为公司工作，节省了许多资金，这些成绩是大家有目共睹的。在他29岁那年，也就是他被指定采购公司定期使用的约1／3的产品的第一年，他为公司节省的资金已超过80万美元。公司的副总经理知道了这件事后，马上就加了道格拉斯的薪水。道格拉斯在工作上的刻苦努力，博得了高级主管的赏识，使他在36岁时成为这家公司的副总裁，年薪超过10万美元。

对于职场中人来说，当你正确地认识了自身的价值、能力及社会责任时，当你对自己的工作有兴趣、感到个人潜力得到发挥时，你就会产生一种肯定性的情感和积极的态度，把自觉自愿承担的种种义务看做是“应该做的”并产生一种巨大的精神动力，即使在各种条件比较差的情况下，不但不会放松对自己的要求，反而会更加积极主动地提高自己的各种能力，创造性地完成自己的工作。

认真箴言

一个人工作时，如果能以精益求精的态度和火焰般的热情充分发挥自己的特长，那么不论做什么样的工作，都会取得成功。如果我们能以满腔的热忱去做最平凡的工作，就能成为行业的佼佼者；如果以冷淡的态度去做最不平凡的工作，就会成为平凡的人。

积极主动，以老板的心态工作

成功青睐以老板的心态去工作、为事业去工作的人。

一个员工想在所属公司取得良好的成绩，甚至在该行业取得长足的发展，并不在于你的资历如何，你处于什么样的工作环境，干什么职位的工作，关键是看你以什么样的心态来看待目前的境遇，并如何对待工作。

很多员工普遍都有这样一种心态，自己是打工仔，因而只做与自己职责相关，并与自己所得薪水相称的那些工作，以这样一种心态去工作，你就会紧紧盯住自己分内的那些工作，而不想额外多干一点，甚至经常以老板苛刻为理由，连自己分内的工作都不努力去做，敷衍塞责，做一天和尚撞一天钟，被动地应付上司分派下来的工作，结果几年过后，除了拿那点薪水，你毫无所获，甚至因态度不积极，自己的那份工作和薪水也保不住。这是典型的穷人心态，抱着这样的心态工作，你就永远只能是打工者，甚至连工也没得打，只好忍饥挨饿，在抱怨中过着贫穷的生活了。

一位心理学家在一项研究中，为了实地了解人们对于同一个工作在心理上所反映出来的个体差异，来到一所正在建筑中的大教堂，对现场忙碌的敲石工人进行访问。

心理学家问他遇到的第一位工人："请问您在做什么？"

工人没好气地回答："在做什么？你没看到吗？我正在

用这个重得要命的铁锤，来敲碎这些该死的石头。而这些石头又特别的硬，害得我的手酸麻不已，这真不是人干的工作。”

心理学家又找到第二位工人：“请问您在做什么？”

第二位工人无奈地答道：“为了每月500美元的工资，我才会做这件工作，若不是为了一家人的温饱，谁愿意干这份敲石头的粗活？”

心理学家问第三位工人：“请问您在做什么？”

第三位工人眼光中闪烁着喜悦的神采：“我正参与兴建这座雄伟华丽的大教堂。落成之后，这里可以容纳许多人来做礼拜。虽然敲石头的工作并不轻松，但当我想到，将来会有无数的人来到这儿，在这里接受上帝的爱，心中就会激动不已，也就不感到劳累了。”

同样的工作，同样的环境，却有如此截然不同的感受。

第一种工人，是完全无可救药的人。可以设想，在不久的将来，他可能不会得到任何工作的眷顾，甚至可能是生活的弃儿，完全丧失了生命的尊严。

第二种工人，是没有责任感和荣誉感的人。对他们抱有任何指望肯定是徒劳的，他们抱着为薪水而工作的态度，为了工作而工作。他们不是企业可信赖、可委以重任的员工，必定得不到升迁和加薪的机会，也很难赢得社会的尊重。

在第三种工人身上，看不到丝毫抱怨和不耐烦的痕迹，相反，他们是具有高度责任感和创造力的人，他们充分享受着工作的乐趣和荣誉，同时，因为他们的努力工作，工作也带给了他们足够的尊严，和实现自我的满足感。他们不仅真正体味到了工作的乐趣、生命的乐趣，而且他们才是最优秀的职业人，才是社会最需要的人。

因此，你若以老板的心态来工作，那么，就会以全局的角度来考虑你的这份工作，确定这份工作在整个工作链中处于什么位置，就会从中找到做分内工作的最佳方法，会把工作做得更圆满，更出色。以这种心态进行工作，你就不会拒绝上司派来的你有时间和精力来承担的工作。你会认为这是表现自己工作能力、锻炼自己技能和毅力的一次机会。有了这样的心态，你就会因工作做得出色而使薪水得到提升，即便你没有得到提升，或你得到提升而不想做，你也会因纵观全局的领导能力得到培养、锻炼和提升。

拿破仑·希尔是世界著名的成功学专家，他曾经聘用了一位年轻的女孩当速记员，替他拆阅、分类及回复他的大部分私人信件。当时，她的工作是听拿破仑·希尔口述，记录信的内容。她的薪水和其他从事相类似工作的人大致相同。有一天，拿破仑·希尔口述了下面这句格言，并要求她用打字机打印出来："记住：你唯一的限制就是你自己脑海中所设立的那个限制。"她把打好的纸张交还给拿破仑·希尔时说："你的格言使我获得了一个想法，对你、我都很有价值。"

从那天起，拿破仑·希尔可以看得出来，这件事在她脑中留下了极为深刻的印象。她开始在用完晚餐后回到办公室来，并且从事不是她分内而且也没有报酬的工作。她开始把写好的回信送到拿破仑·希尔的办公桌来。

她已经研究过拿破仑·希尔的风格，因此，这些信回复得跟拿破仑·希尔自己所能写的完全一样好，有时甚至更好。她一直保持着这个习惯，直到拿破仑·希尔的私人秘书辞职为止。当拿破仑·希尔开始找人来补这位男秘书的空缺时，他很自然地想到这位小姐。但在拿破仑·希尔还未正式给她这项职位之前，她已经主动地接收了这项职位。由于她在下班之后，以及没有支领加班费的情况下，对自己加以训练，终于使自己有资格出任拿破仑·希尔的秘书。不仅如此，这位年轻女孩高效的办事效率引起了其他人的注意，有很多人为她提供更好的职位请她担任。她的薪水也多次得到提高，后来她的薪水甚至超过了当初作为普通速记员时薪水的好几倍。她使自己变得对拿破仑·希尔极有价值，因此，拿破仑·希尔不能失去她做自己的帮手。

从这个故事中我们不难感悟到，一定要以老板的心态工作，既是为了得到那份薪水，也为自己取得更好的发展准备条件。作为一个年轻人，在一开始工作的时候，不必太计较薪水的多少，而一定要注意工作本身给予你的报酬，如技能的培养、经验的积累、品格的提升等。

10年前，小张和小杜一起进入一家广告公司工作。如今，小张已独立创业，成为一家广告公司的老板，麾下有数十名员工。而小杜仍在都市的各个广告公司来回飘荡，做着中规中矩的文案人员。有一天，小杜去一家公司应聘，竟意外地发现该公司的老板竟然就是10年前的同事。面对10年后如此巨大的差别，小杜感慨良多，说了一句意味深长的话：“10年前，我为每个月1000多元的工资而工作，而你是以老板的心态去工作，为事业去工作。”

由此可见，机会偏爱有准备的人，成功青睐以老板的心态去工作、为事业去工作的人。

认真箴言

去银行存钱是每个人都经历过的事情，我们今天的工作表现就是像在往我们人生的银行里储存现金，为的是在以后的人生历程中一旦遇到问题好用来救急的。我们今天的工作表现就是为了以后的成功做准备，一旦机会降临，我们就能很快利用它创造出令人赞叹的业绩来。所以，不要让老板在与不在成为你工作的先决条件，你的工作完全是为了创造自己的美好生活，所以，做一回自己的老板，你就是自己的老板。

第四章
认真执行，工作要落实到位

认真是企业执行力的关键，执行是否到位，工作能否落实，都要取决于员工对待工作是否认真。

结果第一，不要只做表面功夫

执行不到位，不如不做。

小李是国内某著名大学的应届毕业生，由于学识和外形条件都很好，很快被一家大公司录用了。在试用期初始，大家对她的印象都很好，也对她转正寄予很大希望，但没想到，她竟然成为第一个被“请”出公司的人，原因是这样的。

有一天，老总安排她到北京大学送一份很重要的材料，原本老总已经打好招呼，只待她将材料送到相应的三个部门。按理说，这并不是什么难事，结果，她只跑了一个地方就回来了。当时老总问她，是怎么回事，她解释说：“北大好大啊。我在传达室问了几次，才问到一个地方。”

老总生气了：“这三个单位都是北大著名的单位，你跑了一下午，怎么会只找到这一个单位呢？你可以通过很多方法先查到这些单位再去找啊！”说完，老总就担忧起来，那份材料那么重要，今天晚上他还要同这几个单位的负责人进行商讨，这下可怎么办？

看着老板发火，小李的小姐脾气也上来了，她辩解道：“我真的去找了，不信你去问传达室的人！”

老总更生气了：“要是用我去传达室，还要你干什么！算了，我还是自己跑一趟吧，要不今天晚上的计划全都泡汤了！”

谁知，此时小李还不知深浅，气鼓鼓地说“反正我已经尽力了。”

就在这一瞬间，老总下了辞退她的决心“既然这已经是你尽力之后的执行水平，想必你也不会有好的能力，只好请你离开公司！”

是小李头脑不够聪明吗？她可是名牌大学的毕业生。是她能力不行吗？她可是凭借自己的综合素质“过关斩将”才被公司录用的。是她不够勤奋吗？她可是跑了一下午，在传达室也问了很多次。但因为最终没有拿出结果，她的北大之行，不但白跑了，还害老总再费心力。老板雇佣一名员工是为了让他给出结果，而不是让他提问题的，因此，小李被公司辞退了。

小李之所以没有拿出结果，主要原因还是她不认真。只是想着尽快把问题解决交差，而没有认真地思考解决问题的办法；在任务失败后也不知道反省自我，反而觉得自己已经尽力了，不应该再受批评，抱这种心态很难把事情做好的。

在工作中，有些员工在上司交给的任务没有成功地执行到位的时候，就会产生“没有功劳也有苦劳”的观念，有的甚至牢骚满腹，抱怨不止，觉得上级应该谅解自己的难处，考虑自己的努力因素，结果是次要的。

确实，在我们的传统观念中，“苦劳”是衡量一个人成就的重要方面。但现代职场上需要我们改变传统观念，“结果第一”的时代已经到来，唯有结果才能说明一切。

老板越来越重视能出业绩、有功劳的员工。有句话是这样说的：“指明方向的是领袖，制定战略的是大将，找准目标的是将军，消灭敌人的是战士”。要知道，你只是老板手下的一名“战士”，他只看你有没有消灭敌人，即使你负了伤，但如果没有把“敌人”消灭，也就没有结果，自然无法得到老板的认可。

工作执行不到位，不能出结果，就会造成企业成本增加，为企业带来加倍的损失。希望集团总裁刘永行曾写专文强调：不到位，是中国许多单位工作的“病根子”。员工要更有竞争力，企业要更有竞争力，就必须在“到位”两个字上下足工夫。执行不到位，不如不做。

有一天，画家刘墉和女儿一起浇花。女儿很快就浇完了，准备出去玩，刘墉叫住了她，问：“你看看爸爸浇的花和你浇的花有什么不一样？”

女儿看了看，觉得没有什么不一样。

于是，刘墉将女儿浇的花和自己浇的花都连根拔了起来。女儿一看，脸就红了，原来爸爸浇的水都浸透到了根上，而自己浇的水只是将表面的土淋湿了。

刘墉语重心长地教育女儿，做事不能做表面功夫，一定要做彻底，做到“根”上。

其实，做事就和浇花一样，如果只是重表面工作，不用心，不细致，不看结果，敷衍了事，那就等于在浪费时间，做了跟没做一样。只有做到“根”上，才能够产生出效益，抱持这种态度做事的人，才会有竞争力。

认真箴言

结果第一，一切以结果为导向，这是员工保持优势生存，缔造常青职业生涯的根本保障。在激烈的人才竞争中，如果你给企业或老板的“结果”——业绩跟不上企业发展的需求，得不到老板的认可，那么你的结局将是离开企业，退出舞台。

不打折扣，认真把工作做好

执行打折扣，就意味着执行不力。

具有高效执行力的员工都有一个共性：工作时不打折扣。他们会想尽办法，竭尽全力地完成任务，并且会培养“不折不扣”的执行精神，强化执行品质和效果。

有一位老会计，从事财务工作几十年，没有做错过一笔账。有人问他为什么能做到这点，他的同事说：“你不用看他记账，只要看一下他扫地就明白了。”

原来这位老会计扫地都与众不同，他总是那样一丝不苟，干净利落。他扫完地后，你会发现他扫过的地方比清洁工扫过的都要干净。别人又问他是怎么做到这一点的，他说：“什么事情，如果你觉得它没有价值，那你就可以不去做它。但是，如果确定要去做了，就一定要做好，不能打折扣。因为你已经选择了做这件事，就必须认真对待，怎么还能三心二意、敷衍了事地对付呢？”

像扫地这样的小事情可能看起来没什么大不了，对企业的效益也没有直接影响。但往往就是从这种小事上，可以看到一个员工的认真程度和工作态度。有的人接受任务后，敷衍了事、漫不经心，本来可以一次完成的事情，偏偏要翻来覆去不停地折腾才能完成，最后给自己、公司和客户都带来不必要的损失。

在工作中我们要认真对待，不能马虎了事。执行打折扣，就意味着执行不力，不能按标准完成工作任务，这样最终会影响整个执行的质量。

汤姆逊服务于一家大型建筑公司，他觉得自己在公司待的时间长了，已驾轻就熟，应付手头的工作绰绰有余。

一次，主管要求汤姆逊为一个董事会准备资料，汤姆逊迅速整理了从各部门呈上来的报表，工作很快就完成了。但是当汤姆逊把资料交上去以后，主管只说了一句话："不用心。"汤姆逊很不服气，他告诉主管，为了这份材料，他已经好几次没有按时吃晚饭了。主管叹了口气说："你自己对这堆资料满意吗？如果连你自己都不满意，你就是在敷衍工作。"

汤姆逊的问题，不是因为他不聪明，没有能力，而是他习惯性地在工作中糊弄事。他虽然牺牲了吃晚饭的时间，但并没有认真去做。

很多人对布置的工作能按时完成，但效果却不能令人满意。其实，我们也可以问问自己：是否对自己的工作很满意？如果不是，那么你正在采取的消极应对策略，如拖延、敷衍，这会带来什么后果？这些后果是你可以或愿意承受的吗？你可以反复推敲这几个问题，最后你会发现，不利的后果会令你大吃一惊。具体来说，敷衍工作有这么几个害处：

敷衍的工作必然有漏洞，即使你觉得自己“完成”得很好；

敷衍的工作很可能被上司枪毙掉，白费工夫，最后耽误的还是自己的时间；

敷衍工作的人很难发挥创造力，根本不能在工作中创造出价值；

最后，没有人会欣赏敷衍了事的人，不论是上司、同事，还是下属。

可以说，敷衍工作就是敷衍自己。

对工作不愿意投入全部力量，敷衍塞责、得过且过，将工作做得粗陋不堪。长此以往，卓越的才华和创造性的智慧悉数消逝，再不能独立工作，成为没有价值的员工。

小李毕业后进入一家IT公司工作，公司的业务主要是为其他公司提供电子商务平台产品。

最近小李和某小公司谈业务，可是来来回回已经提交了3份网站建设框架方案建议书，客户依然不满意。由于是一个小公司，所以网站建设的费用不是很高，而客户又有太多的要求，小李就向经理汇报，准备放弃这个客户。

经理让小李把方案建议书拿过来看一下。他发现几份方案书基本上是大同小异，就是零星几个栏目名称有些变动。于是，他问小李：“你是否和客户进行过详细交流？”小李说：“现在在忙一个大客户，所以没有时间管这个小客户。”经理又问小李：“那么你是否对该公司的平台需求进行过调研？”小李道：“宣传型网站基本上就是这个框架，所以没有调研。”

经理对小李说："没有经过调研，没有和客户交流就提交方案书，让你改方案书你就敷衍了事，如果我是客户，我也不接受，你太不认真了。"

面对经理的批评，小李很不服气，认为没必要在一个小客户浪费那么多的人力物力。在以后的工作中，他对工作仍然是敷衍应付，对客户的要求没有耐心，为此很多客户不满意。经理对他也失去了信心，只好把他请出了公司。

小李因为敷衍被辞退，他的教训值得每一个年轻人借鉴。一个人要想在职场上取得成功，就必须认真对待自己的工作，应付、敷衍的结果只能是让自己被淘汰，从而庸碌一生。

克服敷衍，必须要区分"工作"与"做了"的界线，避免"我做了"的想法，因为这个想法最容易导致敷衍。敷衍不会给人带来轻松，相反，会使人越来越没法轻松。

身在职场的你，是否曾犯过这样的错误：在干工作时，只是满足于"做"，而不重视结果。表面看起来，整天在付出、在努力、在忙，但是这种忙，却是穷忙、瞎忙，结果是碌碌无为。

老板让你给客户打个电话，你打了，可是对方没有人接。你说自己完成任务了，可是这样的"做"有什么意义呢？"做了"就够了吗？

想要提高执行力的你，绝对不能满足于"做了"这一点。满足于"做了"，不仅会浪费资源，最可怕的是自欺欺人。该有的效率出不来，陷阱和危机却总会不期而至。

因此，在职场中，一个人即使很有才华，但如果没有认真精神，不尽心尽力，只是一味地应付工作，那么他在任何公司里都是难以取得成功的。

认真箴言

一个人无论从事哪种职业，都应该认真地把工作做好，不打折扣，尽自己最大的努力，这样才能不断进步。这不仅是工作的原则，也是一个人是否认真的体现。

有始有终，将任务执行到底

一旦接到任务，就应该坚持不懈地干下去。

据美国纺织品零售商协会的一项调查研究，最初的努力不成功，几乎令一半的推销员放弃后续的努力。做事虎头蛇尾，不能坚持是销售失败的主要原因。请看如下的统计数据：

有48%的推销员找过一次客户之后就不干了；

有25%的推销员找过两次客户之后不干了；

有15%的推销员找过三次客户之后不干了；

12%的推销员找过三次之后，继续干，而80%的生意恰恰就是这些推销员做成的。

许多人做事时一开始非常认真，全身心投入，在中途遇上小小的挫折，就逃避困难，寻求简单的事重新开始，或者没有耐心，在一段工作之后感到疲倦厌烦，开始寻求新的刺激，忙碌得最终却连一个令人满意的结尾也没有。

他们没有取得成功，大多是败在自己手中，在遇到挫折时主动放弃自己的追求，缺乏坚持不懈的精神；在执行任务时有始无终、有头无尾，只重开始不管结果。

在工作中，常常遇到这种有头无尾或者虎头蛇尾的情况。

一个著名的企业家说，如果让员工们擦杯子，不管杯子多干净，都要擦9遍。那么，日本的员工会兢兢业业地每天都擦9遍。中国的员工最聪明，第一天会兢兢业业地擦9遍，第二天也会擦

9遍，到了第三天他就会只擦6遍，接着就会只擦5遍、3遍、2遍……

这就是我们说的执行虎头蛇尾型员工。很多执行者做事就是开始热，过了三天就开始松懈了，再过段时间就撒手不管了，这种习惯已经形成，致使企业的很多决策都无法彻底执行下去。

一家酒业公司的全国销售经理，在年初会议上开列一系列计划目标，并且细分到每个部门、每个单位甚至每个人，所做的事情也1，2，3，4，5……排序了，但是到了离年度结账只剩一个月时，实际销售却不到计划的六成。春节促销战迫在眉睫，而他的下属们，呈报上来的可以执行春节活动的商场和酒楼渠道的网点数量以及销售预计，数字“寒碜”得让他大为恼火。他无奈地放下电话，摇了摇头说：“员工们执行力太差。”

相信很多企业的管理者都会遇到过类似的情况。虎头蛇尾的员工对于已布置的工作，如果没有督促就不会有积极的反馈。到年底，这些目标、计划、任务完成得如何？离目标值还有多少距离？无法完成计划的原因何在？要么统统没有了下文，要么只有包含着大量“大约”、“可能”等含糊不清的总结。这些不良做法足以让企业的执行力消失。

这些人之所以无法取得成功，不是因为他们能力不够，而是缺乏坚持不懈的精神。他们做事虎头蛇尾、有始无终，做事的过程也是东拼西凑、草草了事。

开始做一件工作，需要的是决心与热忱，而完成一份工作，需要的却是认真与毅力。缺少热忱，事情无法启动；只有热忱而无认真与毅力，工作不能完成。

很多时候，执行就是一种坚持到底的信念，有了这种信念，才能不计代价，使命必达。抱有这种态度的人，在执行工作的过程中，从不会因为困难而停止脚步，更不会在困难面前退缩，而是勇敢地面对，认真想办法。只要积极主动地面对工作中的困难，就一定可以找到排除困难的办法。

吴菲是一家公司的业务员，因为所学专业与她的工作很不对口，看着同事出色的业绩，而自己只是表现平平，她十分沮丧，公司各种各样的琐事更是让她喘不过气来。渐渐地，她感到对工作和生活都失去了激情，整天愁眉苦脸，甚至怀疑当初老板为什么聘她进公司。

终于，吴菲无法忍受，找到老板要求调换工作，而老板非常看重吴菲的聪明才智，也深信她是位出色的业务人员。于是，他很慎重地和吴菲谈了一次，并把一个对公司非常重要的项目交给吴菲。那个项目的难度非常高，即使老业务员也很难做好，但老板却给了吴菲！

回到家后，吴菲思考，分析着老板说的话，在学校时的种种考试她都走过来了，难道……她感到自己对工作的激情就像一座将要爆发的火山，自己又充满了力量和斗志。

老板交给她的项目虽然在别人眼里几乎是不可能完成的，但吴菲把自己的状态调整到最好，她感觉自己的潜能被激发出来了，激情万丈，创造力空前高涨，工作效率也大大提高，吴菲看到了另一个自己。几个月后，她漂亮地完成了这个“不可能”的任务。

在完成任务的过程中，我们总会遇到很多困难，但是只要坚持下来，就一定能突出重围。倘若一遇到困难便不再坚持，那么，所有的努力都将会白费。

一旦接到任务，就应该坚持不懈地干下去，在奋斗的过程中，坚持是制胜的法宝！一个人成功与否，要看他是否有恒心，能否善始善终地完成任务。职场如战场，一旦开始，就没有退路，放弃就意味着失败，甚至是死亡。既然已经开始，就全力以赴地坚持到底，这是你赢得最后胜利的唯一道路。

认真箴言

坚持不懈地完成任务是每一个职场人士完美执行的重要方法。一个人要想成就一番事业，就要有恒心和毅力，只有坚持不懈才能取得成功。特别是在遇到问题和挫折的时候，更要不松懈、不放弃，一如既往地努力下去，直到最后成功。就如英国思想家塞约翰生说的：“成大事不在于力量的大小，而在于坚持多久。”

马上去做，执行到位不拖延

执行拖延不到位，任务就不能按时完成。

在工作中，接到上司分派的工作任务时，觉得可能做不完，或是觉得今天太疲劳了，不如明天早上来了再做，那时可能精神更好。于是，因为工作拖延而造成的执行不力时有发生，公司因此而遭受损失是不必说的。

金飞接到老板的任务：一周内起草一份与甲公司的销售合同，这对学法律的他应是小菜一碟。

第一天，手头上其他工作本来可以结束，但他想反正有时间，明天做完再动手也不迟。

第二天，因为有些突发事件耽误了一上午，到下午下班前才勉强将原有工作完成。

第三天，刚准备动手做，同事工作遇到困难，帮同事用了一上午，下午也没心情做，因为明天就是周末，他想：周末两天怎么也能做个差不多，不急。

结果第四天时一帮朋友搞了个聚会，整整玩了一天，晚上喝得酩酊大醉。一直睡到次日中午，起来后头还晕得厉害，吃了几片药，又躺下休息。

第六天上班后，在例会上，老板问他完成没有，他不敢说没做，撒谎说差不多了，只是有些数据需要核实，明天就能交上。

开完例会他立刻动手做，这时才发现这个合同书远不是想象中那么简单，涉及许多他不熟悉的领域，而且还需要许多实证数据支持，别说一天，就是三天也未必能完成，想到这儿，大脑一片混乱。

由于没有完成任务，老板对他失去了信任，渐渐地，他自己也觉得没有立足之地，没有发展前途，被迫辞职。

像金飞这样，不立即去执行任务，今天拖到明天，明天拖到后天，结果无法完成任务，就会失去老板的信任。

今天该做的事拖到明天完成，这个月该完成的报表拖到下个月，这个季度该达到的进度要等到下一个季度。凡事都留待明天处理就是拖延。执行力是企业中每一个人最基本的能力。因为，没有今日事今日毕，再正确的战略也永远发挥不了作用。可以说，没有强有力的执行，就没有企业的发展。

某公司老板要赴国外公干，且要在一个国际性的商务会议上发表演说。他身边的几名工作人员于是忙得头晕眼花，要把他所需的各种物件都准备妥当，包括演讲稿。在老板出国的那天早晨，各部门主管来送行。有人问其中一个部门主管："你负责的文件打好了没有？"对方睁着惺忪睡眼，道："昨晚只睡 4 小时，我熬不住睡去了。待老板上飞机后，我回公司去把文件打好，再以电讯传去就可以了。"

谁知，老板到后，第一件事就是问这位主管："你负责预备的那份文件和数据呢？”这位主管按他的想法回答了老板。老板闻言，脸色大变：“怎么会这样。我已计划好利用在飞机上的时间，与同行的外籍顾问研究一下自己的报告和数据，别白白浪费坐飞机的时间呢！”闻言，这位主管的脸色一片惨白。

拖延会侵蚀人的意志和心灵，阻碍人潜能的发挥。拖延的人，常陷于恶性循环即“拖延——低效能复命＋情绪困扰——拖延”之中。

令人懊恼的是，许多人在工作中都或多或少地拖延过。拖延的表现形式多种多样，轻重有所不同。比如：琐事缠身，无法将精力集中到工作中，只有被上司逼着才向前走，不愿意主动复命；反复修改计划，有着极端的完美主义倾向，该实施的被无休止的“完善”拖延；虽然下定决心立即行动，但就是总找不到行动的方法；做事磨磨蹭蹭，有一种病态的悠闲，以至问题久拖不决……

对渴望有所成就的人来说，拖延是最具破坏性的，是最危险的恶习，它使人丧失进取心。一旦开始拖延，就很容易再次拖延，直到变成根深蒂固的习惯。

我们常常因为拖延而心生悔意，然而下一次又会拖延。几次三番之后，就习以为常，以致漠视它对工作的危害。

埃克森美孚石油公司是全球利润最高的公司之一，“绝不拖延”就是其公司文化不可或缺的内容。

有一次，总裁兼CE0李·雷蒙德和他的一位副手到休斯敦一个区加油站巡视，当时已经是下午3点半，李雷蒙德却看见油价告示牌上公布的还是昨天的数字，并没有按照总部指示将油价下调5美分/加仑进行公布，他十分恼火，立即让助手找来了加油站的主管约翰逊。

远远地望见这位主管，雷蒙德就指着报价牌大声说道："先生，你大概还熟睡在昨天的梦里吧！要知道，你的拖延已经给我们公司的荣誉造成很大损失，因为我们收取的单价比我们公布的单价高出了5美分，我们的客户完全可以在休斯敦的很多场合，贬损我们的管理水平，并使我们的公司被传为笑柄。"

意识到问题的严重性，约翰逊连忙说道："是的，我立刻去办。"

看见告示牌上的油价得到更正以后，李雷蒙德说："如果我告诉你，你腰间的皮带断了，而你却不立刻去更换它或者修理它，那么，当众出丑的只有你自己。"

商场就是战场，工作就如同战斗。任何一家公司要想在市场上立于不败之地，就必须拥有一支高效能的战斗团队。任何一位经营者都知道，对那些做事拖延的人，是不能寄予太高期望的。

老板是讲求效率的，没有一个老板能够长期包容办事拖沓的员工。在工作中要时刻和时间赛跑，给老板留下早就行动的印象无疑是获得认可的最佳途径。

拖延是一种顽疾，如果你要克服它并且养成"最佳的任务完成期是昨天"的思维习惯，就一定要下定决心，准备改头换面：

第一，列出你立即可以做的事情。你可以在每天早上工作开始之前就完成这项步骤，通常从最简单的和用时最少的事情开始。

第二，保持对一件事情至少5分钟的热度。要求自己针对已经拖延的事项不间断地做5分钟，时间一到就停下来，休息片刻后再重新开始。当你慢慢变得不需要停顿时，你就可以欣赏自己的成绩了。在这种有成就感的执行中，你就能长时间坚持完成任务。

认真箴言

认真的员工不会把领导交办的任务一拖再拖，而是把工作期限谨记在心，总是如期甚至提前完成。因为他们清楚地明白，在所有老板的心目中，最理想的任务完成日期是昨天。这一看似荒谬的要求，是保持恒久竞争力不可或缺的因素。一个总能在“昨天”完成工作的员工，永远是成功的。

高效执行，有效利用时间

做任何事情，效率永远是第一位的。

有一个人要在客厅里挂一幅油画，请邻居来帮忙。油画已经在墙上扶好，正准备钉钉子，邻居说："这样不好，最好钉两个木块，把画挂在上面。"这个人觉得邻居的意见有道理，于是去找木块。木块很快找来了，正要钉，邻居说："等一等，木块有点大，最好能锯掉一点。"于是去找锯子。找来锯子，才锯了两下，邻居又说："不行，这锯子太钝了，要磨一磨。"这个人家里正好有一把锉刀，就把锉刀拿来了，却又发现锉刀没有把。为了给锉刀安把，这个人去附近的一个灌木丛里寻找小树。要砍下小树时，他又发现他的那把锈迹斑斑的斧头实在不能用了。他又找来磨刀石磨斧头，可是为了固定住磨刀石，必须得制作几根固定磨刀石的木条。为此他又去寻找一位木匠。然而，这一走，就再也没见他回来。下午邻居再见到他的时候，他正在街上，帮助木匠从五金用品商店里往外抬一台笨重的电锯。

这个人只不过要挂一幅油画，但结果找锯子、找锉刀、找斧头等，转了一大圈什么也没有做成。故事中的这个人看似忙忙碌碌，一刻不闲，但最后却发现这些忙碌和结果刚好是背道而驰，忙得焦头烂额却毫无成效。这在职场上，就属于忙于执行却毫无成效的员工类型，我们称之为瞎忙乱忙。

在你的日常生活或者工作中是否会经常发生这样的情况：自己每天就像一个上满发条的时钟——只知道机械地转，却不知为何而转，工作内容繁多，每天都在忙着各种各样的任务，总觉得没有时间休息，对自己的未来没有任何规划，过一天算一天。

这种忙不是装的，但是他们的“忙”效率不高，对工作的实际意义不大，基本上可以称之为“瞎忙”，他们也就成了“瞎忙族”。

在广州市一家房地产公司工作的文先生承认自己就是“瞎忙族”的代表。他每天早上8时到公司，就开始做手头上的事情。做方案打电话约顾客看房、准备需要的资料、找上司要的数据，天天忙得不亦乐乎，甚至要加班到深夜。

“不知道是我自己执行力不高还是地产项目的工作涉及的工作内容太多，有时一个方案牵扯到的相关部门可能有十几个。正做着策划，上司又叫找资料，找完了，顾客电话又来了，然后又是找数据，再来接待顾客，这样一天就没了。最重要的策划只好加班加点继续做，瞎忙了一天都不知道干些什么。”文先生抱怨，不知道自己忙些什么，心里很茫然。

一项针对4000位职场人士进行的调查结果显示，55.7%的被调查者给自己贴上了“瞎忙族”的标签。其中，15.6%的人认为自己是“超级瞎忙族”，每天忙得要死，却没有任何收获。

工作中，很多人因为多项任务堆积而陷入焦头烂额的境地。

小李当部门经理不到2个月，就被提拔为副总经理了。他所在的公司是一家成长型的公司，发展很快。他主管的业务特别繁杂。3个月下来，他瘦了好几斤，还因劳累过度住过一次院。

他每天加班加点，可是工作压力并没有减少，反倒越来越大。他十分痛苦，向朋友诉苦说："我实在干不了啦。每天一上班，脑袋里就塞满了各种信息与想法，无法理清。回到家，又睡不着，还是一团乱麻。再这样下去，我非疯不可。"他甚至想干脆辞职算了。

小李的问题，很多职场人士都碰到过，尤其是那些刚刚担任新领导岗位的人，感受更为明显。

之所以像小李一样觉得力不从心，并不是因为能力有问题，而是掉进了"瞎忙"的陷阱中，时间、精力的成本支出有些高昂。

改变"瞎忙"的状态，提升自己的执行效率，可以从这几个方面作出努力；

1. 对一些不必要的事情说"不"。

要学会拒绝，不让额外的要求扰乱自己的工作进度，而且有些事情完全没有必要亲力亲为。当然说"不"是需要技巧的，在决定你该不该答应对方的要求时，应该先问问自己：我想要做什么，或是不想要做什么？什么对我才是最好的？如果答应了对方的要求是否会影响既有工作进度，是否会因为我们的拖延影响到其他人？而如果答应了，是否真的可以达到对方的要求？

2. 使用“优先表”。

有不少人由于没有掌握高效率的工作方法，眉毛胡子一把抓，总是不能静下心去做最该做的事，甚至根本就不知道哪些是最应该做的事，结果白白浪费了大好时光。

为此，应该有一个处理事情的优先表，列出自己一周之内急需解决的一些问题，并且根据重要性和需求程度排出相应的工作进程，使自己的工作能够稳步高效地进行。

有一天，一位公司的经理去拜访卡耐基，当看到卡耐基干净整洁的办公桌感到很惊讶。他问卡耐基说：“卡耐基先生，你没处理的信件放在哪儿呢？”

卡耐基说：“我所有的信件都处理完了。”

“那你今天没干的事情又推给谁了呢？”老板紧追着问。

“我所有的事情都处理完了。”卡耐基微笑着回答。看到这位公司老板困惑的神态，卡耐基解释说：“原因很简单，我知道我所需要处理的事情很多，但我的精力有限，一次只能处理一件事情，于是我就按照所要处理的事情的重要性，列一个顺序表，然后就一件一件地处理。结果，完了。”说到这儿，卡耐基双手一摊，耸了耸肩膀。

“噢，我明白了，谢谢你，卡耐基先生。”几周以后，这位公司的老板请卡耐基参观其宽敞的办公室，对卡耐基说：“卡耐基先生，感谢你教给了我处理事务的方法。过去，在我这宽大的办公室里，我要处理的文件、信件等等，都是堆得和小山一样，一张桌子不够，就用三张桌子。自从用了你说的法子以后，情况好多了，瞧，再也没有没处理完的事情了。”

这位公司的老板，就这样找到了做事的办法，几年以后，成为美国社会成功人士中的佼佼者。

E·M·格雷写过小品文《成功的公分母》，他一生探索所有成功者共享的分母。他发现这个分母不是勤奋地工作、好运气或精明的人际关系——虽然这些都是非常重要的，而是一个似乎超过所有其他因素的因素——把首要的事放在首位。

这里就涉及到了一个时间管理的问题。时间管理的一种简单而有效的方法是去设定事情的优先顺序，一般可以分为以下四种类型：重要而紧急；重要但不紧急；紧急但不重要；不紧急也不重要。

在生活中，重要而且紧急的工作是指事情的重要性高，而且需要立即的行动。此类事情带给人们较高的压力。比如老板紧急交办的工作、重要客户来访、家人临时生病住院等。重要但不紧急的事情对个人而言是很有意义的，可能是许久的盼望或长远的目标。通常这类事情挑战性高，困难度也高。最常见的例如参加明年的重要资格考试、年底的婚礼、下星期应聘工作面试等。紧急但不重要的事情本身重要性不高，但因为时间的压力，需要赶快采取行动，例如接电话、处理邮件等。不紧急而且不重要的事情，本身没有迫切完成的压力，而且重要性不高，例如打电话和老同学闲聊、唱卡拉OK、逛街、看电视、写问候信等。

基本上，我们可以先记录每周的时间流水账，然后将每周的事情依重要性与急迫性分为上列四种类型。设定事情的优先顺序很简单，重要的是要克服这种一般人常有的心理倾向：逃避压力，想要处理那些容易、快速完成的事情。

设定事情的优先顺序应用到具体的工作之中同样可行，我们照样可以为工作设定一个优先顺序，然后有条不紊地去执行。在职场长期打拼的有经验的人为我们提供了两条处理工作的黄金法则，值得我们去借鉴。

●该急办的立刻办

该速战速决的一定要快刀斩乱麻，赶快办妥，应该拒绝的，绝不能迟疑，快点回绝。例如，老板交代一项任务，你没有能力，你不要因为不好意思拒绝，或者怀着“拖一拖，就拖黄了”的心理承担下来了，那么你就犯了一个大错，最后不仅会受到责罚，而且还使老板失去了对你最起码的信任。

●能缓的事情不要急

应该拖一拖的事情，绝不可冒进。例如，对于一些老板没要求立刻办完的事情，你可以不必急于求成；要知道马不停蹄的时候，错过了多少美景呀？而且，老板没要求你快办，一定有其原因，你如果火烧屁股一样干完，往往不会合老板的心意。反之，如果你不慌不忙，等到开会的前一天再把稿子交出来，老板会觉得你是认真的，这篇稿子肯定是高质量的；到那时老板很少会给你的稿子挑毛病了。老板就算想挑毛病，也得先看看时间允许不允许！因此，他只好顺水推舟地表扬你一番：“你非常用功嘛！”

总之，做任何事情，效率永远是第一位的，而要提高做事的效率，分清事情的轻重缓急，把头等大事放在首位永远是一条黄金法则，使我们在人生中取得佳绩的必要保障。

认真箴言

在具体执行中，每个人都需要根据实际情况来判断自己的执行是否高效，是否能实打实、没有拖延、不打折扣，并采取有效措施保证执行到位。

全面落实，执行任务不走样

一个优秀的执行者，首先要做到完成任务不走样。

有很多职场人，在上级布置任务的时候，看似听得很明白，但却因为没有真正搞清楚要如何操作，最后落得个上级不满意的结果。要想执行任务不走样，完整领会上级的意图很重要。

小李在一家公司当行政助理，一天，总经理把小李叫到办公室，吩咐他安排一辆车，到机场去接一个人，并且特别叮嘱他让老司机开车去接这个人。

小李从同事那里了解到，因为过几天公司要请一位专家来做培训，这个人可能就是那个专家。

小李先是打电话到后勤，结果该部门的同事说经常接贵宾的几个老司机不是正在休假，就是正出外勤，最迟也要第二天才有空闲。小李想，反正是接人，接到了就行，谁去接都一样，不一定非得是老司机去。于是小李另外找了一个新来的年轻司机，他对人热情，还很有冲劲。

小李对自己的安排很满意，可让他没想到的是，接到人后，总经理发现接人的是年轻的司机，而不是老司机，当即就发了火。

总经理说："我不是特意告诉你让老司机开车去接吗，你为什么要自作主张？"小李很委屈，自己明明是好心，并且已经完成了任务，怎么反而挨了批评呢？

其实，小李如果懂得要充分领会上级的意图，在派人去接之前，就应该先了解一些细节：要接的人是什么身份？与公司是什么关系？总经理打算用什么规格的礼遇，等等，还有特别叮嘱老司机去接是什么意思？

只有弄明白了总经理是要借“迎接”这个机会，向客人表达相当级别的礼遇，就会知道，总经理要的这个司机不仅驾驶技术好、道路情况熟，而且对公司认同感强、谈吐得体，懂得什么时候在客人面前说什么话，知道在酒店开什么档次的房间。

也许有些人会觉得，只要完成了任务，有了结果，过程就不重要了，何必非得按照上级的吩咐按部就班呢？我们说“条条道路通罗马”，这种理解也没错。但是，很多时候，执行的灵活性是要有一个大前提的，就是不违背上级的意图。

所谓上级意图，是指上级在布置工作、下达任务、发出指令时的本意或精神实质，希望达到某种目的或标准。如果对上级的意图理解不透，把握不准，往往会费力不讨好，很难按照上级的期望完成任务。

上级是决策者，不可能将每件事情的前因后果都向下级解释清楚。但作为一名优秀的员工，必须在上级下达任务的时候，多想、多琢磨，只有充分领会了上级的意图，才能执行到位。这就要求员工不仅对于上级明确安排的事情充分理解、不折不扣地执行，而且对于上级没有明确说出来的事情，也要站在上级的角度多思考，自己如何才能做得更好。

要想执行任务不走样，学会复述是很有效的一个途径。通过复述、可以让上级了解到下级的理解是否到位，这是执行到位的有效保证。

一家房地产企业家俱乐部要召开年会，俱乐部老总决定邀请一些成功的企业家来办一个行业高峰论坛，便把这项任务交给了外联部。

“就在今年的12月底，我们找一个地方，举行论坛。”随着老总的吩咐，外联部经理一边认真地听，一边不时地在笔记本上记录重要信息。等老总的讲话告一段落，他又向老总确认：“我根据您刚才说的，总结了几个要点，您看看：

第一，我们借着年会的由头，主要是宣传我们的俱乐部，让更多的企业家知道我们；

第二，12月底举行年会；

第三，关于嘉宾，应该包括行业成功的企业家，有声望的专家，有影响力的媒体。其中，最有名的企业家3位，名单是……有声望的专家3位，分别是……媒体10家，其中报社……网络媒体……电视台……并要求网络媒体直播；

第四，发布会举办的地点在××山庄，时间是上午9 00至下午17：30，午餐定在酒店自助餐厅，较远的嘉宾在酒店安排一晚住宿；

第五，给您需要准备15分钟左右的讲演，给媒体印发资料，包括俱乐部介绍、论坛介绍等，给所有的到场嘉宾准备俱乐部资料介绍；

第六个方面……

您看还有没有需要补充的地方？”

事实上，这位外联部的经理就是一个执行型的优秀员工，也是一个很会利用复述方式的员工。他接受任务的整个过程，就很好地运用了复述的思维：

首先，记录任务要点。

当上级下达任务的时候，要用笔将任务要点记下来，方便事后的执行。记录的要点应包括，具体任务目标、什么时间？什么地点？谁执行？如何执行？

其次，向上级复述任务要点。

复述要有逻辑性，不能记到哪就说到哪，而是要有条理地分清一、二、三……一来让上级可以清晰地了解到你的想法，同时，也让你自己对任务有清晰的认识。最好避免使用“然后”、“还有”之类的连接词。

第三，向上级确认。

在复述后，向上级确认是否有疏漏或是理解错误的地方，这个环节可以查漏补缺，同时也是执行前纠错的重要步骤，可以大大减少执行误差。

复述也是一个加深对任务理解的过程。它不是照搬上级的任务原文，必须按自己的理解对上级下达的任务进行综合，概括，适当取舍，并认真选择要点，有一个思考的过程，这有利于任务的执行到位。

复述是上级下达任务后，下级的一个重要行动过程，需要下级优秀的表达能力、总结概括能力、快速的记录能力、准确的理解能力，等等。复述并不是一件简单的事情，需要员工认真去做，才能为执行到位做好准备。

许多员工执行过程中还有一个习惯：不管自己对事情有没有把握，都立即行动。立即行动，从不拖延的角度讲，的确值得肯定，但是做出来的结果，却不是那么尽如人意。因此，做事的时候，尤其是拿不准的时候，千万不要自作主张，一定要问明白了再做。

小于刚刚跳槽到一家大公司，老板就给她一份重要的策划：公司最近在城北一个居民区附近买了一大块地，她负责调查一下周围的市场情况。

小于见自己刚来老板就委以重任，可见老板对自己非常信任，所以说干就干。虽然，自己对老板说的"市场情况"的具体内容不是很了解，但差不了，多做些准备工作就行了。于是下决心一定要干好，不辜负老板的信任。

经过一番调查，小于发现这个居民区附近缺少大型购物中心、游乐场和医院。她觉得做购物中心比较稳妥，可经过一番思考，她又犹豫了。因为虽然居民区没有大型购物中心，可小超市和店铺却不少，这些小店分布在居民区里，更方便于居民购物。而附近缺少医院，生病了就是去最近的医院也要1小时，十分不便。

小于想了想，又重做了一份策划。可她再次拿出来研究时，又被自己推翻了。医院的前后期工程比较浩大，而且申请起来也比较麻烦，整个过程非常复杂，会浪费公司太多精力，还是游乐场工期短，收效快。

小于的方案一改再改，直到老板告知大型商厦已经动工，来问她是否已经了解了市场，可以确定招商方案的时候，小于才知道，老板让她调查的是这片区域的商业市场情况。

很多时候，是因为迫切想要完成任务，执行者才会在“拿不准”的情况下自作主张，结果好事反倒变成了坏事。其实，走进办公室向老板问一下，或者写个邮件与老板沟通一下，可能就是几分钟的事情，但往往就是因为省去了这几分钟，而造成了无法挽回的错误和损失。

归结起来，员工拿不准，又无法开口的理由有这样几种：

第一，任务下达后，时间很紧急，没有仔细思考老板真正的意图，即使有拿不准的地方，也没时间问；

第二，存在侥幸心理，觉得事情就那样，没必要问，根本就不会有事；

第三，拿不准的时候，往往根据以往的经验来判断任务的情况，省去了询问步骤；

第四，不敢问、不好意思问，认为问是没有能力的表现，一旦开口，就会引来老板的不满和同事的不屑。

其实，这些原因都不是理由，只是我们给自己的不询问找的借口而已。没有时间，其实询问一下最多花个几分钟；存在侥幸心理，最后出事了，就不是那么简单了；根据以往的经验，往往就是自大，世界万物都是变化的，现时的任务全凭旧经验来判断只会越走越远……

拿不准的事情多请示、多汇报，与其等到事后才后悔，不如事先多问一问，养成严谨认真地执行作风，一次把事情做到位。

认真箴言

领导布置任务的时候，执行者听得很认真，记得很仔细，频繁的点头，看似深刻的思考……但是，他实际上却并没有真正搞清楚要做什么，最后执行的结果自然是出现偏差或者大打折扣。作为一个优秀的执行者，首先要做到接受任务不走样，百分之百理解任务的内容，这样才能保证执行的最终结果。

第五章
认真负责，担负起使命与责任

在企业中，经常听到的一句话就是：认真负责。认真与负责是紧密联系在一起的，只有认真，才能担负起责任；只有负责，才能认真对待工作。

工作的底线就是尽职尽责

在这个世界上，没有不承担责任的工作。

汤姆住在一座古老的小城里，听说以前这是一座繁荣发达的城市，从教堂塔尖上高高悬挂的四只老钟可以证实这种说法绝非虚传。后来经济萧条带走了小镇的繁荣，那四只老钟也停止了前进的脚步。现在，小城里的人决定唤醒那些代表小城悠久历史的老钟。在一次市民联欢会上，刚满 18 岁的汤姆被选为每天为大钟上发条并校准时间的人。

一个星期后，等满头银丝的钟表匠莫尔顿师傅修理完大钟，在他把钥匙交给汤姆之前，提出一个要求：让他到市里转一圈，看遍城里所有大钟的情形，然后谈体会，之后，才能把钥匙交给汤姆。

汤姆暗自埋怨老头太古怪，但是又拗不过他。

这天下班，汤姆开始关注市里所有的大钟。不看不知道，一看就发现了秘密，这些大钟有的停了，有的走得不准。有很多人从大钟前走过时，都会捋起袖子对一下手表。汤姆真想大声告诉他们正确的时间，以免他们耽误了时间。

汤姆又信步沿着铁路走去，高高的路基上有一座黄色的旧砖房，这是扳道工马里兰夫妇家。马里兰大叔值完通宵班正在休息，马里兰大婶却迎风坐在屋前，倾听火车开来的声音。

“你们没有表吗？”汤姆好奇地问。

“有啊。可我们老眼昏花，根本看不清楚上面的小字。”

在过去，马里兰夫妇根据教堂的钟声对时间，而如今他们只能轮流值班来护卫铁路。离开小屋，汤姆的心里有一种说不出的滋味。

“我们这座小城里不缺少钟，而是看钟人缺乏责任感。”莫尔顿老人听完汤姆的体会，脸上露出会心的微笑。

“好，小伙子，请记住你刚才说的话。”随即从腰间的钥匙链上摘下一把黄铜钥匙交给了约翰。

月色中，汤姆套上沾满油污的工作服，来到钟塔下，钻进漆黑的塔楼，一路攀登上去。

“我一定要让这古老的大钟走得最准确，让全市的人都生活在同一时间内。”推开四扇沉重的钟面，他仰望星空，上完发条，又抹好润滑油，一一校准了4个钟面上共8根胳膊般粗细的指针。他又用手绢擦拭钟面。他要让4只大钟像运转良好的机器那样，永远保持步调一致。

刚开始，人们没有注意大钟的时间，后来人们发现原来大钟的时间精确得一秒不差。两年后，教堂的大钟重新成为小城人们生活中的一部分。当有人询问时间时，周围的人都会指着教堂上的大钟说：“那上面的时间最准确。”

汤姆明白，自己是一个看钟人，就一定要认真负起看钟人的责任——让小城里的大钟走得最准确。他做到了这一点。

其实，人的一生时刻需要面对责任。从大的方面讲，它支持着人类社会的延续；从小的方面讲，它维持着人们的日常生活。

作为公司的一分子，每一个人都有着基本的工作职责和工作范围。生产部门最重要的是按质按量生产出合格的产品；研发部门就是要尽力设计出符合市场需求的好产品；营销部门就是要尽可能地把产品销售给消费者，而不是放在仓库中；人力资源部门则是尽可能招聘到合格的人才，对他们进行有效的培训与组织。

做每一份工作的同时，也即意味着需要我们承担其中的责任。但是，承担责任并不是一件轻松的事情。由于要有一定的付出，甚至要做出某种牺牲，很多人都会在承担责任时感到很辛苦，压力很大。

不过，我们可以换一种角度来看待工作中的责任。其实，承担责任是对你价值和能力的一种肯定和证明。如果你不具备承担责任的能力，别人怎么会让你承担责任呢？你应该为自己感到骄傲，因为你的存在是有价值的。

但是在职场中，有一种很普遍的现象：有些人想的不是如何更好地完成工作，而是想着能少干一分，决不多干一分。“给多少钱，就干多少事”是这类人的共同心态。他们马马虎虎应付完每一天的工作，却自以为很聪明。

有一句话想必大家早已耳熟能详：“今天工作不努力，明天努力找工作！”其实我们也可以这样说：“今天你糊弄工作，明天工作也会糊弄你！”而一个真正认真负责的人，即使在工作岗位干到最后一秒，他也不会改变对工作一贯认真负责的态度。

身在职场，只有对工作认真负责，才是真正的聪明。你只有怀着高度的责任感，每天出色地完成工作，才有可能很快获得提升。具备责任心的员工，根本不会把自己的过失归咎于外在环境和别人的想法，更不会极力逃避自己应承担的责任。

再看看我们这个时代的成功人士，他们无不具有高度的责任心，工作态度一丝不苟，永远富有激情。正因为如此，他们才能取得今天耀眼的成就。

美国著名心理学博士艾尔森曾经对世界前100名杰出人士做过一项问卷调查，结果让他十分吃惊：其中61%的成功人士承认，他们所从事的职业并不是他们最喜欢做的，至少不是他们心目中最理想的。

一个人竟然能够在自己不大喜欢的领域里取得成功，除了聪明和勤奋，靠的还有什么呢？

带着这样的疑问，艾尔森博士走访了多位商界精英。其中，纽约证券公司的金领丽人苏珊极具代表性的经历，给了他一个满意的答案。

苏珊出生在中国台北的一个音乐世家。她自幼接受良好的音乐教育，本身也酷爱音乐，她的人生理想也是成为一名音乐人。但是她却阴差阳错地考进了大学的工商管理系。尽管她不喜欢这个专业，但是也不肯落在别人后面，所以每学期各科成绩都是名列前茅。大学毕业后，她以优异的成绩被保送到美国麻省理工学院，攻读MBA，又拿到了经济管理专业的博士学位。

如今她已经是美国证券业界的风云人物，但是她心里仍然为没有成为音乐人而遗憾。她说："至今我仍然不太喜欢我所从事的工作，如果让我重新选择，我还会选择音乐。这只是个不能实现的梦想，还不如做好现在的工作。"

艾尔森博士问她："你不喜欢这个专业，怎么能学得这么好？不喜欢这份工作，却能做得如此出色？"

"因为我在这个位置上，必须认真对待这份工作，对工作负责，也是对自己负责。这跟我喜不喜欢这份工作没有关系。"

之后，艾尔森又走访了几位成功人士，他们能在自己不喜欢的领域取得卓越的成绩，除了聪明和勤奋，靠的是一种认真负责的态度。

当你做着一份自己不太喜欢的工作，又无法改变这种现状时，就要安下心来，只有把工作当作一种不可推卸的责任，全身心地投入其中，只有对自己的职业负责而又认真的人，才能取得成功。

你可以试想一下，假如你是公司老板，在分配任务时，你会信任什么样的人呢？在提升职位时，会首先考虑哪一种人呢？如果老板分配任务时，对你极不放心，甚至还要派人监督你，三天两头来检查你的工作进度和工作质量，那你就该反思一下了。

在一些员工看来，只有那些有权力的人才有责任，而自己只是一名普通员工，没什么责任可言。一旦出现错误，有权力的人理应承担责任。有这样想法的员工，根本没有意识到自己的责任。

有的人不知责任为何物，他们对一切组织中的岗位制度，都持有抵触情绪。他们在工作和生活中总是一副玩世不恭的样子，对公司和自己的工作也时时报以嘲讽的态度，稍有不顺，就立马走人，频繁跳槽。

你可能会注意到，这些人在谈到自己的公司时，使用的代名词通常都是“他们”而不是“我们”，“他们业务部如何”，“他们人事部怎么样”，这其实是一种缺乏责任感的典型表现。这样的员工至少没有一种“我们就是整个团队”的认同感。

这样一个不负责任的人进入公司，如果没有外在的监督，根本无法正常工作。他们对自己的工作职责推三阻四、敷衍了事，任何工作到了他们手里，都会是一团糟。这样的员工，迟早要被职场所淘汰。

一个没有责任感的员工，不会是一个优秀的员工。每个雇主都很清楚自己最需要什么样的员工，哪怕你做的是最不起眼的普通工作，只要你担当起了你的责任，你就是公司最需要的员工。

社会学家戴维斯说：“自己放弃了对社会的责任，就意味着放弃了自身在这个社会中更好的生存机会。”同样，如果一个员工放弃了对公司的责任，也就放弃了在公司中获得更好的发展的机会。

责任保证一切，的确如此。责任保证了信誉、保证了服务、保证了敬业、保证了创造……也正是这一切，保证了企业的竞争力。无论你在单位从事何种工作，你一定要认认真真，一丝不苟地对待工作。只有先把自己的本职工作，自己该做的事做好了，得到了提升，有了更大的职责范围，你才有可能做你想做的事，或希望做的事。

我们生活在这个世上，每个人都对自己和他人负有责任。人生的责任不可推卸，我们必须勇于承担，直至生命结束。肩负责任是有压力的，但却是充实自我、实现自我人生价值的一种途径。把工作当成自己的事业来做，并从工作中寻求自身的价值和满足，这也是责任于人于己的双重价值所在。

认真箴言

当我们接受一份工作时，也就意味着承担了一项责任。换句话说，工作的底线就是尽职尽责。在这个世界上，没有不承担责任的工作，也没有不需要完成任务的岗位。事实上，我们对工作负责，就是对自己负责。

多一份责任，多一次机遇

没有责任就没有机会，责任越大机会就越多。

在公司这个大家庭中，虽然我们每个人的岗位不同，所从事的工作也不一样，但我们都应承担起自己应有的责任，这是做人、做事最基本的原则。当我们增添了一份责任感，在为公司的发展出一份力时，实际上也就等于是为自己提供了更多的提高和成长的机会。

保罗年轻的时候在一家五金店当营业员。有一天，来了一位要结婚的顾客。按照当地的习俗，他必须要在婚前购买好诸如钳子、铲子、马鞍、盘子、箩筐等生活和生产用具。由于货物太多，整整堆满了一辆独轮车，连骡子拉起来都有些吃力。不巧的是，送货员刚好休假，因此保罗决定亲自去送这批货物，尽管送货并不是保罗的职责。

开始的时候还很顺利，但走了一段路后，车轮不小心陷进一个不深不浅的泥潭里。保罗用尽了全身力气，车仍然纹丝不动。最终在一位好心的过路人的帮助下，保罗把车推出泥潭，把货送到了顾客的家里。直到深夜，满头大汗的保罗才回到了商店。老板对保罗的行为赞赏有加，并认为自己的这家店太小，会埋没了保罗，于是老板把他推荐给自己一位在五金百货公司担任老总的朋友。保罗的境遇从此得到了改善。经过自己的勤奋与努力，后来，保罗担任了五金百货公司的总裁，在这一行业做出了一番令人羡慕的成就。

在工作中责任感强，承担的责任多，一方面体现了你出色的能力，另一方面，你会因此得到更多除薪水以外的资源财富。任何一家企业的老板，都喜欢这样的员工，信任这样的员工，他们会给予这样的员工以更大的责任和使命。理所当然地，这种负责任的员工会得到升职或者金钱等各个方面的奖励，他们的理想与抱负便因此得以实现。

承担的责任越多、越重，被提升的机会就越多。所以，我们在工作中，要勇于承担责任，主动为自己设定工作目标，并不断改进方式和方法。对于大部分员工的职位而言，报酬和职位与他所担负的责任有着直接的必然关系，而那些最可爱的员工，总是让自己的肩头担负起更多的责任。

有一位青年，高中毕业来北京打工。就在她身上的钱所剩无几时，工作依然没有着落。万念俱灰、走投无路的她，打好行囊准备回家。正要出门赶车去火车站时，一位朋友打来电话，说帮她找了一份在汽车销售公司的工作，让她明天上班。

她百感交集，热泪盈眶，在这个繁华的都市里，她终于可以落脚了。她对这份得之不易的工作十分珍惜，尽管做的是前台接待，同时还兼做公司的很多杂务，工资也不高，但她工作认真负责，对没整理好的材料，经常一个人自愿留下来加班，直到处理完毕。

有一天，她正欲锁门时，却接到一个传真。那是一份来自英国的传真，只有高中学历的她，仅仅只认得其中不多的单词，至于内容，她全然不懂。她打电话给老板，可老板关机。

她本打算第二天上班再交给老板处理，可机警的她正欲出门时，忽然意识到英国和中国的时差问题，说不定对方还等着回传呢。于是她坐下来，拿起英汉辞典及汽车专用英汉辞典翻译起来。搞懂意思后，她又用蹩脚的英语回了传真。回家后，她一夜没睡好觉，这么大的事，没经老板批准就独自做主回了传真，真担心老板会怎么处置她。

谁知，第二天上班老板欣喜若狂，是她及时给英方回了传真，才使得他们在其他几个同样接到英方传真的中方公司之中抢了先机，为公司争得了开张以来的首单大宗生意。

她“多负”的一份责任，给公司带来了一笔可观的利润，而她本人也得到了一份不菲的奖金。从此，她一路走来，如今已是年薪70万元的营销总监。

在需要你承担责任的时候，勇敢地去承担它，这时你才有望抓住机会。“这不是我的错。”“我不是故意的。”“是他让我这样做的。”“这不是我干的。”“本来不会这样的，都怪……”推卸眼前的责任，就等于失去了勇于负责的精神，这样的人，能力得不到发挥，潜力得不到挖掘，前程也不会光明。

任何一个企业里的领导者都清楚，能够勇于承担责任的员工，能够真正负责任的员工对于企业的意义。问题出现后，推诿责任或者找借口，都不能掩饰一个人责任感的匮乏。这样做的结果最终会让你无法晋升，甚至将会丧失工作的机会。

只要人人都有责任心，企业就能兴旺。我们每一个员工，都应该珍惜现有的岗位，克服短期行为和雇佣思想，爱岗敬业，认真履行职责，扎实做出成绩，把效益搞上去，与企业同呼吸、共命运，真正把“公司兴亡，人人有责”与自己的人生价值联系起来。只有这样，企业和职工才能“双赢”。

在一家知名企业中，刚刚招聘了一个新的销售业务员。当她被公司派到外省去做销售员的时候，所碰到的第一件事情就是前任销售人员所留下来的一笔欠款。本来她也可以不去理会这笔欠款，重新开拓属于自己的业绩，但她还是决定要把欠款收回来。正是这种勇于承担责任的精神，使她走了一条非常杰出的旅程，虽然这条道路是困难的，但这条道路却是一直往上提升的。

她用了很长的时间，通过各种努力，历经许多挫折，终于在40多天后追回了这笔债务。她写道：“经过40天的斗智斗勇，终于追回了属于我们的货款。”从“我们的货款”可以看出，她已经把企业和自己连成了一体。也正因这种我也是主人的心态与意识，让她不久后就成为了企业分公司的销售总监。

作为一名员工，我们有责任让我们的产品达到更高的标准，我们有责任让我们的企业更成熟、更完善。但是在很多时候，承担责任无异于承担风险，有时甚至要蒙受委屈。承担责任还需要有顾全大局的“弃我”精神做支撑，只要是为了整个团队的利益，勇敢地承担责任、解决难题、化解危机，你自然就等于是为自己创造出了晋升的机会。

多一份责任，就多了一份机会。责任向来都是与机会携手而行，机会永远隐藏在责任的身后，等待着我们去把握。具备高度责任感的员工，会在自己的位置上，切实领会“认真负责”四个字的重要性，踏踏实实地完成自己的任务。不论领导是否在场，都能兢兢业业。只要用忠心和热诚播撒责任的汗水，那么，你就一定会收获累累硕果！

认真箴言

没有责任就没有机会，责任越大机会就越多。如果你是一个负责任的员工，那么问题就绝不会长期存在于你的面前；如果你是一个认真的员工，失败也绝不会长期死死缠绕着你。方法总比问题多，责任加上认真，天下就再无难事。

工作就是使命，岗位就是责任

无论做什么事，都要记住自己的责任。

作为一个职业人，无论做何种工作，都必须树立强烈的责任感，履行自己应尽的责任和义务，这是一个人品格和责任不可缺少的一部分。这种履行不是为了获得奖赏或者别的什么，而必须完全是发自内心的责任感使然。

在一所大医院的手术室里，一位年轻护士第一次担任责任护士。

“大夫，你取出了十一块纱布，”她对外科大夫说，“我们用的是十二块。”

“我已经都取出来了，”医生断言道，“我们现在就开始缝合伤口。”

“不行。”护士抗议说，“我们用了十二块。”

“由我负责好了！”外科大夫严厉地说，“缝合。”

“你不能这样做！”护士激烈地喊道，“你要为病人负责！”

大夫微微一笑，举起他的手，让护士看了看这第十二块纱布：“你是一位合格的护士。”他说道。他在考验她是否有责任感——而她具备了这一点。

随便找一份招聘启事，就可以看见一个最基本的要求：“认真负责”；随便找一份自荐书，也会看到一个最常用的自我评价：“认真负责”。

看起来好像人人都知道做一个负责任的人，但是事实上在实际工作中却并没有做到。我们常看到这样的情景：当问题出现时，一些员工首先做的不是寻找出现问题的原因，而是很理直气壮地说，这是某某的责任，和我没关系。但往往这么说、这么做的员工自己本身就有问题。退一步讲，即使你和这件事情没有关系，但如果你把它当作自己的事情来解决，那你不是展现了更多的才华和品质，更容易给上司留下好印象吗？也就为自己创造了更多的条件。

当然，首先应该做的是对自己的工作负责。

M是一个编辑，在别人的眼中他是个勤奋好学的人，因为他会抓住一切机会向上司请教什么事情该做，什么事情不该做，比如，他会问：“写一篇这样的文章行不行？”“做一个这样的选题行不行？”“这样改行不行？”……如果上司不表现出任何反感，他就会把工作中所有的问题都交给上司来代替他解决；如果上司提出具体操作细节上的一些错误时，他会立即说：你以前说……而你现在又说……于是上司明白了，他并不是不知道该怎么做，之所以要事事问上司，无非是想告诉上司：都是按你的指示做的，出了问题，都是你的错，我没有错。

这就是典型的推卸责任，这样的情况在我们的身边并不少见。M自以为做得很聪明，可惜他不明白，这种招数根本不是什么明哲保身之道，而是等于告诉别人：我很愚蠢！我很无能！千万别把工作任务交给我，我可担不起这个责任！这样做的下场只有一个，那就是被解雇。

任何一个老板都希望自己的员工是个负责任的人，这样他才会放心地把工作交给员工去做。对于员工来说，有什么比得到老板的重用更让自己有成就感的呢？

做到负责任并不难，最起码你要坚守自己的岗位，把自己的工作做好，进而做到尽善尽美。这就是负责的表现。很多时候，只要多付出一点责任，你的处境将有大的改观。比如上面的事例中提到的M，其实只要把每次和上次询问的问题，改成和上司探讨、请教，那他在上司的眼中就是一个积极上进的人，而不是推卸责任的人。他也就不会被解雇，而是争取到更多的表现机会。

一群男孩在公园里做游戏。在这个部署中，有人扮演将军，有人扮演上校，也有人扮演普通的士兵。有个“倒霉”的小男孩抽到了士兵的角色。他要接受所有长官的命令，而且要按照命令丝毫不差地完成任务。“现在，我命令你去那个堡垒旁边站岗，没有我的命令不准离开。”扮演上校的亚历山大指着公园里的垃圾房神气地对小男孩说道。“是的，长官。”小男孩快速、清脆地答道。接着，“长官”们离开现场；男孩来到垃圾房旁边，立正，站岗。时间一分一秒地过去了，小男孩的双腿开始发酸，双手开始无力，天色也渐渐暗下来，却还不见“长官”来解除任务。一个路人经过，说公园里已经没有人了，劝小男孩回家。可是倔强的小男孩不肯答应。

“不行，这是我的任务，我不能离开。”小男孩坚定地回答。“好吧。”路人实在是拿这位倔强的小家伙没有办法，他摇了摇头，准备离开，“希望明天早上到公园散步的时候，还能见到你，到时我一定跟你说声‘早上好’。”他开玩笑地说道。听完这句话，小男孩开始觉得事情有一些不对劲：也许小伙伴们真的回家了。于是，他向路人求助道：“其实，我很想知道我的长官现在在哪里。你能不能帮我找到他们，让他们来给我解除任务。”路人答应了。过了一会儿，他带来了一个不太好的消息：公园里没有一个小孩子。更糟糕的是，再过10分钟这里就要关门了。小男孩开始着急了。他很想离开，但是没有得到离开的准许。难道他要在公园里一直待到天亮吗？正在这时，一位军官走了过来，他了解完情况后，脱去身上的大衣，亮出自己的军装和军衔。接着，他以上校的身份郑重地向小男孩下命令，让他结束任务，离开岗位。军官对小男孩的执行态度十分赞赏。回到家后，他告诉自己的夫人：“这个孩子长大以后一定是名出色的军人，他对工作岗位的责任意识让我震惊。”军官的话一点没错。后来，小男孩果然成为一名赫赫有名的军队领袖——布莱德雷将军。

坚守岗位，完成任务，这就是我们所说的岗位责任。假如你是公司老板，在分派任务的时候，你会信任这样的人吗？在提升职位的时候，你会首先考虑他们吗？当然会！这样的人无疑是能够准确无误完成任务的人。

没有任何借口是执行力的表现。无论做什么事，都要记住自己的责任，无论在什么样的工作岗位都要对自己的工作负责。

如果你想在公司获得成功，如果你想获得很多，你就必须付出得比别人更多，尤其重要的一点是：你必须做一个勇于负责的人。

你可能听说过这样的一个故事：身为美国总统的杜鲁门在桌子上摆着一个牌子，上面写着：责任到此，不能再推。总统有总统的责任，员工有员工的责任。对于任何一名员工来说，工作就意味着责任，没有责任感的员工不可能成为一名优秀的员工。

负责——多么微不足道的一个词，但是，要做到却没那么容易，而在人生的道路上，这个微乎其微的词却又起着至关重要的作用。

认真箴言

对工作和自己的行为百分之百负责的员工，他们更愿意花时间去研究各种机会和可能性，显得更值得信赖，也因此能获得别人更多的尊敬。与此同时，他也获得了掌控自己命运的能力，这些将加倍补偿他为了承担百分之百责任而付出的额外努力、耐心和辛劳。

勇于担当，责任不容推卸

不找借口，勇于承担责任。

在现实中，很多人都习惯推诿责任，并美其名曰：“转让风险。”你初涉职场时，可能也会有前辈非常老道地对你说：“凡事不要揽责任，你才会在公司里不犯错误。”话是不错，这样可以避免引火烧身，但你也不会为公司和自己的发展有贡献。

责任是不容推卸的，互相推诿、扯皮不仅严重影响工作绩效，还会影响企业的发展。

重庆一家中等规模的食品公司，由于厂房地势较低，每年都要经历一至两次的抗洪抢险。一年夏天，老板出差到海南去了。有一天晚上，远在海南的老板给几位负责人打电话，可能由于天气原因，老板一连打了几个电话，都打不通，最后打到了人力资源部经理的家里，让他立即到公司查看一下。

“嗯，我马上处理，请放心！”接完电话，人力资源部经理并没有到公司去，他想：这是安全部的事情，不该我去处理，何况我的家离公司还有好长一段路。于是，他给安全部经理打了一个电话，提醒他去公司看一下。

安全部经理接到电话后也没有去公司，他心想：反正有安全科长在，不用管它了。

安全科长没有接到电话，但他知道下雨了，并且清楚下雨意味着什么。但他想，有好几个保安在厂里，用不着他操心。当时，他正在陪朋友打麻将，为了避免“干扰”，他甚至把手机也关了。

只有几个保安留在厂里。但是，用于防洪抽水的几台抽水机没有柴油了，他们打电话给安全科长，科长的电话关机，他们就没有再打，也没有采取其他措施，早早地睡觉去了。值班的保安睡在值班室里，睡得最沉，他以为雨不会下很大。

到凌晨两点左右，雨突然大起来，值班保安被雷声惊醒时，水已经漫到床边！他立即给消防队打电话。

消防队虽然来得很及时，但由于通知太晚，三个车间全部被淹，数十吨成品、半成品和原辅材料泡在水中，直接经济损失达数百万元！

这样的事例确实令人痛心、发人深省。如果公司每个人都能认真一点，勇敢承担责任，公司就不会有这么大的损失。

工作中发生问题时，有的人会推卸属于自身的责任。但每个对待工作认真的人在责任面前，都会勇于承担责任，这样企业才能实现永续发展。勇于承担责任，出现问题不把责任推给别人，这样才能够加强组织团结，保证工作顺利进行，同时，它也是成就一个人事业的可贵品质。

世界上最愚蠢的事情就是推卸责任。日常生活中，每个人都难免会出现错误，但是，当问题发生后，有些人从开始就推卸责任，会找出许多借口为自己辩解。其实，这样做并不能把责任推个一干二净。

一个员工与其为自己的失职找理由，倒不如勇敢地承认自己的错误。上司会因为你能勇于承担责任而可能不责难你；相反，敷衍塞责，推诿责任，找借口为自己开脱，不但不会得到别人的理解，反而会把事情弄得更糟糕，让别人觉得你不但缺乏责任感，而且还缺乏诚意。

其实，人难免有疏忽的时候，没有谁能做到尽善尽美，这是可以理解的。但是，如何看待已经出现的问题，就能看出一个人是否能够勇于承担责任。

杰克和哈森是速递公司的两名职员，他们俩是工作搭档，工作一直很认真，也很卖力。上司对这两名员工很满意，然而一件事却改变了两个人的命运。

一次，杰克和哈森负责把一件很贵重的古董送到码头，上司反复叮嘱他们路上要小心。没想到送货车开到半路却坏了。如果不按规定时间送到，他们要被扣掉一部分奖金。

于是，杰克凭着自己的力气大，背起邮件，一路小跑，终于在规定的时间赶到了码头。这时，哈森说："我来背吧，你去叫货主。"他心里暗想，如果客户看到我背着邮件，把这件事告诉老板，说不定会给我加薪呢。他只顾想，当杰克把邮件递给他的时候，一下没接住，邮包掉在了地上，"哗啦"一声，古董碎了。

"你怎么搞的，我没接你就放手。"哈森大喊。

"你明明伸出手了，我递给你，是你没接住。"杰克辩解道。

他们都知道古董打碎意味着什么，没了工作不说，可能还要背负沉重的债务。果然，老板对他俩进行了十分严厉的批评。

“老板，不是我的错，是杰克不小心弄坏了。”哈森趁着杰克不注意，偷偷来到老板的办公室对老板说。老板平静地说：“谢谢你，哈森，我知道了。”

老板把杰克叫到了办公室。杰克把事情的原委告诉了老板。最后说：“这件事是我们的失职，我愿意承担责任。另外，哈森的经济条件不好，他的责任我愿意承担。我一定会弥补我们所造成的损失。”

杰克和哈森一直等待着处理的结果。一天，老板把他们叫到了办公室，对他们说：“公司一直对你俩很看重，想从你们两个当中选择一个人担任客户经理，没想到出了这样一件事，不过也好，这会让我们更清楚哪一个人是合适的人选。我们决定请杰克担任公司客户部经理。因为，一个能勇于承担责任的人是值得信任的。哈森，从明天开始就不用来上班了。”

“老板，为什么？”哈森问。

“其实，古董的主人已经看见了你们俩在递接古董时的动作，他跟我说了他看见的事实。还有，我看见了问题出现后你们两个人的反应。”老板最后说。

杰克由于比哈森多了几分责任心，于是在工作中得到了重用，相信他肯定会获得更大的成功。有责任心的人对工作的态度是积极负责的，能够将工作的目标与结果统一起来考虑，并主动地为达成工作目标付出更多的努力。缺乏责任心的人往往对待工作消极被动，机械地服从命令，对结果不负责任，缺乏创造性，所以很难得到提升与重用的机会。

认真箴言

工作中承担责任，把它当成一种习惯去培养并固定下来，一旦出现问题，就敢于担当，并设法改善。揽长推卸责任并置之度外，只会伤害公司和客户的利益，同时，也会伤害到你自己。绝大多数老板都不愿意让那些习惯于推卸责任的员工来做他的得力助手。在老板眼里，习惯推卸责任的员工，是一个不可靠的人。

做好工作的最后一分钟

无论结果好坏，都必须完成自己的工作。

在一次奥运会的马拉松比赛中，当众多选手已经顺利完成了比赛之后，人们发现，坦桑尼亚选手艾克瓦里刚刚吃力地跑进奥运体育场。

他是最后一名抵达终点的运动员，而这场比赛的优胜者早就已经领了奖牌。此时，艾克瓦里的双腿已经沾满血污，但他没有放弃，仍然一瘸一拐，坚持到了终点。

于是，有人好奇地问道“比赛不是早就结束了吗，你为什么还要跑到终点啊？既不会给你们国家赢得积分，更不可能拿奖牌。”

艾克瓦里已经累得说不出话来，但他仍然轻声地回答说：“我的国家送我来这里，不仅仅是叫我起跑的，而是派我来完成这场比赛的。”

艾克瓦里心中装的不是成败，而是强烈的责任，责任让他必须完成比赛。无论结果好坏，他都必须完成自己的工作，做好工作的最后一分钟。

亨利沃德比彻曾经说过：“决定一次航行是否成功，不是离港起航，而是归航入港。”

有三个好朋友，毕业后去了同一家公司求职，经过层层筛选，他们都幸运地获得了试用期的工作机会。

试用期内，三个人的工作是枯燥乏味的，并且工作量很大，经常加班到很晚。三个年轻人都没有抱怨，他们都期待着试用期过后，自己能正式成为公司的一员，怀着对未来的美好期待，三个人都努力地工作着。

一个月的时间一晃而过，试用期马上就快结束了，三个人相信凭着自己的良好表现，肯定都能通过公司的考核。最后那天下午，主管找到了三个年轻人，对他们说："非常抱歉，你们三个都没有通过公司的考核，按照我们事先的约定，你们不能再在公司待下去了，这是这个月的工资，你们收好，等上完今天的这个夜班，你们就可以走了，祝你们以后一切顺利。"

听到主管的这些话后，三个人非常惊讶，但事情已经这样，也没有回旋的余地了。上夜班的时间很快到了，三个人当中的一个朝厂房走去，他不想因为自己的原因而影响整条流水线的工作。另外两个人心想既然没有通过公司的考核，并且工资也发了，索性没有去上夜班。

最后一晚像往常一样结束了，年轻人疲惫地走出厂房，令他吃惊的是，主管正站在厂房的门口冲他微笑。主管招手把他叫过去，对他说："经公司研究决定，你的试用期今晚正式结束，我们决定录用你为我们公司的正式职员，明天请到公司总部接受新职位的任命，恭喜你！其实，你们三个人都很优秀，表现得非常好，不过我们无法选择录用你们哪一位，今天晚上是对你们的最后一次考验，我们只选择最负责任的那一个，这个人就是你。”

自问一下，我们能否像故事中的年轻人一样那样，即使自己明天就将离开这个公司，依然兢兢业业的站好最后一班岗，用心负责、保质保量地完成我们的工作。真正对待工作认真负责的员工，自有内心的约束，即使没有任何人监督，他们也能尽职尽责地站好最后一班岗。

许媛是南京一家美容院的美容师，春节快到了，美容师们都纷纷盘算起春节回家的事，在快放假的最后几天，工作心不在焉，为买票担忧，工作怠慢。只有许媛一直到春节当天都认真地工作。许媛的负责和坚持，经理都看在眼里。又听店长反应，许媛平时工作一直都很负责踏实，是个工作认真的好员工。春节假期结束后，许媛被提拔为主管。

为世人所敬仰与怀念的著名“黑人”总统林肯，曾经做过邮政局长，其实那是一个只有他一个人的邮局。他要做的事情很多，而有一次他为了要及时送信给当地的居民，居然在圣诞节那天徒步走了几十公里的山路。

大概很多人会认为他“太傻”，然而就是因为其做事贯彻始终的责任意识而更令人敬佩。

做好工作的最后一分钟就是可贵的坚持，好好珍惜并利用它来为我们创造宝贵财富。如果只是敷衍了事，马马虎虎，被糊弄的只能是自己。

认真箴言

做好工作的最后一分钟，是微不足道的小事，然而把它做到位也并非轻而易举，认真的员工具备踏踏实实的工作态度和高度负责的职业精神。而这些正是老板所看重的员工身上的优秀品质，往往就是这样的员工，更容易取得成功。

责任的实质就是解决问题

我们都是靠解决问题赚得薪水的。

日本“经营之神”松下幸之助说过这样一句话：“工作的责任就是不断发现问题，分析问题，最终解决问题的一个过程——晋升之门将永远为那些随时解决问题的人敞开着。”

松下幸之助的话道出了责任的本质。工作的责任就是解决问题，责任的实质就是凭借我们自身的能力、经验、智慧，凭借我们自身的干劲、韧劲、钻劲，去克服困难，解决那些妨碍我们实现目标的问题。

在工作中，总会碰到各种各样的问题。有许多员工一遇到问题，就会搔着头去找老板，但是他们忘了，老板任用你就是要你来解决工作中的问题的，假如你碰到了问题，总是想：“真难，问问老板该怎么做。”那么，你的能力便永远得不到提升。

有一天，华特森一大早就召开了销售会议。会议一直进行到下午，气氛非常沉闷，没人说话，大家也显得焦躁不安。

这时，华特森站起来，在黑板上写了一个大大的“Think”，然后对大家说：“我们缺少的，是对每一个问题进行充分的思考。请记住，我们都是靠解决问题赚得薪水的。”

从此，“Think”成为华特森和IBM公司的座右铭。

后来，在IBM公司，所有管理人员的桌上都摆着一块金属板，上面写着“Think”(思考)。这是 IBM 的创始人华特森定下的规矩。

然而，在我们的实际工作中，还是会经常听到这样的抱怨："确实是没办法！"设想一下，如果你的上级给你下达某个任务，或者你的顾客向你提出某个要求时，你这样回答他们，他们怎能不对你失望呢？

也许一句“没办法”，就为推卸责任找到了最好的理由。然而，正是一句“没办法”，让我们忽视了责任的本质。

其实，无论人生还是工作，都是一个不断碰到各种问题，不断解决各种问题的过程。在一个企业中，上至老板，下至最基层的职员，不论他的工作是简单还是复杂，问题总是避免不了的。设法解决这些问题，正是工作的核心内容。

1999 年，美国第一大零售商凯玛特开始显露出走下坡路的迹象，有一个关于凯玛特的故事在社会上广泛流传。

在 1990 年的凯玛特总结会上，一位高级经理认为自己犯了一个“错误”，他向坐在他身边的上司请示如何更正。这位上司不知道如何回答，便向上级请示：“我不知道，您看怎么办？”而上司的上司又转过身来，向他的上司请示。这样一个小小的问题，一直推到总经理帕金那里。帕金后来回答说：“真是可笑，没有人积极思考解决问题的办法，而宁愿将问题一直推到最高领导那里。”

2002 年 1 月 22 日，凯玛特正式申请破产保护。

可见，一味地把责任推给老板，只会加速企业的衰败。在企业的发展过程中，总会不可避免地遭遇到各种问题的困扰。所以，老板们迫切需要那种能及时解决问题的人才。

一位著名的企业家曾说："职员必须停止把问题推给别人，应该学会运用自己的意志力和责任感。着手行动，处理这些问题，让自己真正承担起自己的责任来。"在这一点上，钢铁大王安德鲁·卡内基为我们做了一个很好的榜样。

卡内基年轻的时候，曾经在铁路公司做电报员。一天他值班时，收到了一封紧急电报，原来在附近的铁路上，有一列装满货物的火车出了轨道，要求上司通知所有要通过这条铁路的火车改变路线或者暂停运行，以免发生撞车事故。

因为是星期天，一连打了好几个电话，卡内基也找不到主管上司。眼看时间一分一秒地过去，而正有一次列车驶向出事地点。此时，卡内基做了一个大胆的决定，他冒充上司给所有要经过这条铁路的列车司机发出命令，让他们立即改变轨道。按照当时铁路公司的规定，电报员擅自冒用上级名义发报，唯一的处分就是立即开除。卡内基十分清楚这项规定，于是在发完命令后，就写了一封辞职信，放到了上司的办公桌上。

第二天，卡内基没有去上班，却接到了上司的电话。来到上司的办公室后，这位向来以严厉著称的上司当着卡内基的面将他的辞职信撕碎了，笑着对他说"由于我要调到公司的其他部门工作，我们已经决定由你担任这里的负责人。不为其他任何原因，只是因为你在正确的时机做了一个正确的选择。”

工作中，老板最关心的就是结果。因此，作为一名优秀的员工，就应当像卡内基那样，认清自己的工作责任，做公司发展需要的事，把问题留给自己，把结果留给老板。

IBM 集团的前任总裁托马斯·沃森曾深有感触地说：“我最不喜欢听到下属在接受任务时说‘NO’（不），而只爱听他们说‘YES’（是）。每当有工作要交给下属处理时，我都希望下属愉快地接受，然后说一句‘OK! 我一定会尽快办好’，或者说‘OK! 我定会尽最大努力去做’。”

认真箴言

一个勇于负责的员工，应当在老板需要的时刻挺身而出，该出手时就出手，为老板分担风险，这样你必将赢得其他同事的尊敬，更能得到老板的信任和器重。

第六章 细致耐心，认真对待工作中的细节

所谓认真，就是在工作上精益求精，不放过任何一个细节，不疏漏任何一个疑点，将工作做到尽善尽美。

马虎大意是工作的致命伤

轻率和疏忽所造成的祸患不相上下。

曾经有一位伟人这样说过："轻率和疏忽所造成的祸患不相上下。"许多人之所以失败，往往就因为他们马虎大意、鲁莽轻率。

工作的疏忽，随时都在发生。由于疏忽、敷衍、偷懒、轻率而造成的失误无时无刻不在发生。

许多员工做事不认真，尽管从表面看来，他们也很努力、很敬业，但结果总无法令人满意。一旦这种人成为领导，其恶习也必定会传染给下属——看到上司是一个马马虎虎的人，员工们就往往会竞相效仿，放松对自己的要求。这样一来，每个人的缺陷和弱点就会渗透到公司，影响整个事业的发展。

王林是南方某城市一家报社的执行总编，在一次私人聚会中，王林听说自己的一个老同学要到自己所在城市的开发区投资，并计划在当地媒体上投放价值百万元的广告。王林认为这是上天给了自己一个在报社出人头地的机会，于是，他积极地向那位老同学争取这个业务，最终如愿以偿。

因为业绩突出，报社准备提拔他为常务副社长。开发区举行奠基仪式那天，王林带上了社里最优秀的记者和广告部成员，计划用大幅版面进行宣传。奠基仪式结束后，有位老朋友邀请王林去吃饭。盛情难却，于是他向记者和相关广告人员交代好工作就去了。

那天，他玩到很晚才回家。但是第二天早上，他当副社长的梦就破灭了。原因很简单：这天他们出版的报纸犯了一个最不应该犯的错误。原来，头版头条的新闻标题本来应该是："某某开发区昨日奠基。"而摆在他面前的大标题却是："某某开发区昨日奠墓。"

对一向重视有个好"彩头"的南方企业来说，把"基"写成"墓"，是很晦气的，更何况这还是开发区项目正式启动的第一天。结果可想而知，老同学一怒之下取消了百万元的广告订单。不仅如此，报社的声誉也因此受到很大的影响，一些准备在这家报纸上投放广告的客户，也取消了自己的投放计划。

这是一位企业培训师讲过的真实案例，之所以出现这样的问题，还是工作不认真的原因。从表面上看，这件事情的前期工作王林做得很不错：和客户沟通得很好，报社对此也十分重视，派出的是最优秀的记者，而且从副总编到记者，再到广告人员，都做了安排和交代。但是，在执行的过程中，由于每个环节的人都大意了一点点，结果出现了非常严重的错误，为报社和客户带来了巨大的损失。

工作中质量问题出现，原因不在于一个人工作能力的下降，而是因为他的心态出了问题。马虎、敷衍、推脱、懒惰这些常见的不认真现象往往是由内心的浮躁所造成。曾有这样一篇报道：

乌鲁木齐市粮食局的一家下属挂面厂花巨资从日本引进一条挂面生产线，作为附带合同，之后又花18万元从日本购进1000卷重10吨的塑料包装袋，而塑料包装袋的袋面图案由挂面厂请人设计。样品设计好后，经挂面厂与新疆维吾尔自治区经贸机械进出口公司的人员审查，交给日方印刷。几个月后当这批塑料袋漂洋过海运抵乌鲁木齐时，细心的人们发现有点不对劲，再仔细看一下，全傻了眼，原来每个塑料袋的袋面图案上的“乌”字全部多了一点，变成了“鸟”字，乌鲁木齐变成了“鸟鲁木齐”。

后来经过多方调查，发现原来是挂面厂的设计人员一时马虎，把设计样本打印错了，而进出口公司的人员检查时也一时大意没有发现。也就是这一点之差使价值18万元的塑料袋变成了一堆废品，给公司带来了严重的损失，相关人员都受到了严厉的处分。

反思这个案例，正是因为设计人员、审查人员每个人都马虎大意，没能够再认真一点，结果让18万元付之东流。不认真的人不会把工作放在心上，更不会把客户放在心上，只能导致工作出现问题，产品质量没有保障。

由于马虎大意造成损失的例子不胜枚举。在技术日益进步、分工日益精细的现代社会，要想出色地完成一件工作、一桩任务，都离不开认真。

其实人的智力差别不大，所以出现差别就在于是否认真。从古至今，世界上没有一个人是靠马虎和敷衍成功的，马虎和敷衍是“失败之源”——无论是一种重复了千万次的日常工作，一个技术上的细节，还是一位陌生的新客户，只要不认真对待，加倍的恶果就可能“回报”我们。

在现实中，一些人即使是写一份报告，也总是丢三落四，或存在一些很明显的幼稚错误。这些不能一次做好工作的人，大多都是缺乏认真的态度。要把我们的工作做好，必须认真细致。

如果你经常性地因为不认真而出现失误，那么你就会养成一种习惯：做事情考虑不周到、行动时鲁莽、马虎大意，最终因为做错了其中一件事情而导致最后的失败。不认真是一种现象，其实也是一个借口。无论它是什么，都是我们成功的“杀手”。

认真箴言

在职场上，优秀的员工都是认真工作的人，只要把眼前的工作认真做到最好，从别人满意的回馈中不断鼓励自己继续发扬认真的作风，就能逐步看到自己的成长。对于职业人来说，展现完美的自我，是需要靠认真来体现的。所以，时时处处勿忘认真，坚决杜绝马虎大意，是每一个人在工作中应该时时刻刻提醒自己的重中之重。

一丝不苟，把工作做完美

无论做什么工作，都应该做到一丝不苟，把每一件事都做得完美。

地中海岸边有个老铁匠，为人十分认真。这份认真鲜明地体现在他做的活计上。他打造铁器的时候完全按照买主的要求，从不偷工减料。有时买主没有什么特殊的要求，他也会把铁器打得又好又结实。特别是他打造的铁链，比任何一家做得都结实。有人说他太老实了，但他不管这些，工作起来总是一丝不苟。

有一次，老铁匠打造了一条又长又粗的铁链，打好后运去装在一艘大轮船的甲板上，做了主锚的铁链，这艘航行远洋的巨轮多少年都没有机会用上它。

直到有一天晚上，海上风暴骤起，风高浪急，随时有可能把船冲到礁石上撞个粉碎。船上其他铁锚都放下去了，然而一点都不管事，那些铁链就像是纸做的，经不住风浪，全都断开了。最后船长下令：把主锚抛下海去。

这条巨链，第一次从船上滑到海里，全船的人都紧张地望着它，看看这条铁链受不受得住风浪。全船一千多名乘客的安全都系在这条铁链上了。要是那位老铁匠在打造这条铁链时稍微有些马虎，只要在铁链的千百个铁环上，有任何一环出现问题，船就有在大海里沉没的危险。老铁匠在打造这条铁链时和他打造其他无数条铁链时一样尽心尽力，用上了他全部的心智和力量。

这条铁链经受住了风浪的考验。船保住了，一直到风浪过去，黎明来临。

这艘大海船的目的地正是老铁匠所在的海港。逃脱大难的船长亲自到老铁匠处表示谢意。听完了船长感谢的话语后，老铁匠很平静地说："我只是本着良心，尽力做好我分内的事。"

一位成功的经营者说："如果你能一丝不苟，做到尽可能完美，应该比你制造出粗陋的产品赚到的钱更多。"

无论做什么工作，都应该精通它，做到一丝不苟，把每一件事都做得完美。这其中蕴涵着不容忽视的道理，却很少有人能真正体会到。这正是我们做事不能成功的根源，它导致工作不完美，生活不快乐。

那么，现在就让我们来审视一下自己吧：

——自己是否真的走在前进的道路上？

——为了使自己对工作更精通，或者为了使自身更壮大，是否认真研究过专业方面的书籍？

——自己有没有像画家仔细研究画像一样，仔细研究过工作领域的各个细节？

——在自己的工作领域，你是否做到了尽职尽责？

如果你对这些问题的答案不是肯定的，那么就要努力改正自身的某些不足。

有位伟人说："我在一段时间内只会集中精力做一件事，但我会彻底做好它。”这就要求我们无论做什么工作，都需要做到“精通”二字。

懂得如何做好一件事，比对什么事都懂得一点皮毛，但什么事都做不好要强得多。

一位总裁说过：“不论你手边是何种工作，都要尽心尽力去做！它可以作为天才的替代品！”

艾德·赛礼在担任“帝国计算器公司”销售经理期间曾面临一种尴尬的情况：该公司的财政发生了困难。这件事被在外头负责推销的销售人员知道了，并因此失去了工作的热忱，销售量开始下跌。到后来，情况更为严重，销售部门不得不召集全体销售员开一次大会，全美各地的销售员皆被招来参加这次会议。

赛礼先生主持了这次会议。

首先，他请手下最佳的几位销售员站起来，要他们说明销售量为何会下跌。这些被唤到名字的销售员一一站起来以后，每名员工都有一段令人震惊的悲惨故事向大家倾诉：商业不景气，资金缺少，人们都希望等到总统大选揭晓以后再买东西等。

当第六位销售员开始列举使他无法完成销售配额的种种困难时，赛礼先生突然跳到一张桌子上，高举双手，要求大家肃静。然后，他说道：“停止，我命令大会暂停10分钟，让我把我的皮鞋擦亮。”

然后，他命令坐在附近的一名佣工把他的擦鞋工具箱拿来，并要求他把他的皮鞋擦亮，而他就站在桌子上不动。

在场的销售员都惊呆了。他们有些人以为赛礼先生发疯了，人们开始窃窃私语。在这时，那位佣工先擦亮赛礼先生的第一只鞋子，然后又擦另一只鞋子，他不慌不忙地擦着，表现出一流的擦鞋技巧。

皮鞋擦亮之后，赛礼先生给了佣工一毛钱，然后发表他的演说。

他说："我希望你们每个人，好好看看这个佣工。他拥有在我们整个工厂及办公室内擦鞋的特权。他的前任是位年纪比他大的男孩。尽管公司每周补贴他 10 美元的薪水，而且工厂里有数千名员工，但他仍然无法从这家公司赚取足以维持他生活的费用。"

"而这位小男孩不仅可以赚到相当不错的收入，既不需要公司补贴薪水，每周还可以存下一点钱来。他和他的前任工作环境完全相同，也在同一家工厂内，工作的对象也完全相同。"

"现在我问你们一个问题，那个前任小男孩拉不到更多的生意，是谁的错？是他的错还是顾客的？"

所有在场的销售员不约而同地大声说："当然了，是那个小男孩的错。"

"很好。"赛礼回答说，"现在我要告诉你们，你们现在销售计算器和一年前的情况完全相同：同样的地区、同样的对象以及同样的商业条件。但是，你们的销售成绩却比不上一年前。这是谁的错？是你们的错，还是顾客的错？"

“当然，是我们的错！”所有的推销员都不得不大声回答。

“我很高兴，你们能坦率承认自己的错误。”赛礼继续说：“我现在要告诉你们。你们的错误在于，你们听到了有关本公司财务发生困难的谣言，因此，这直接影响到了你们本来非常出色的工作质量。只要你们回到自己的销售地区，并保证在以后30天内，每人卖出5台计算器，那么，本公司就不会再发生什么财务危机了。你们愿意这样做吗？”

大家齐声说道：“愿意！”。

后来果然不出所料，那些他们曾强调的种种借口：商业不景气，资金缺少等，仿佛统统消失了。

佣工将擦皮鞋的工作做到了完美，他才能赚到不错的收入。因此，无论我们做什么工作，都要下决心掌握自己工作领域的所有问题，使自己变得比他人更精通。如果我们成为工作方面的行家里手，精通自己的全部业务，就能赢得良好的声誉，也就拥有了成功的秘密武器。

认真箴言

工作认真，尽善尽美，在工作中显得尤为重要。如果每个人都能恪守这一规则，他们的自身素质不知要提高多少！无论做什么事，都力求至善至美的结果，这样不仅能提高工作效率和工作质量，而且能够树立起一种高尚的人格。

精益求精，工作不能“差不多”

工作环节上的差不多就是差很多。

人们常爱说的一个词语是“差不多”，其实这个词的背后是办事不认真。现实中，诸多的不认真所造成的结果却不是我们希望看到的。建设用料不认真，导致豆腐渣工程层出不穷，留下了一片片残破的瓦砾与噩梦一般的回忆。医生用药不认真，导致病人留下了难以抹平的痛苦，同时也影响了医生的社会形象。事实上，工作环节上的差不多就是差很多。

1924 年 6 月，著名学者胡适先生在《申报·平民周刊》上发表了一篇针砭社会陋习的讽刺小品《差不多先生传》。

你知道中国最有名的人是谁？提起此人可谓无人不知，他姓差，名不多，是各省各县各村人氏。你一定见过他，也一定听别人谈起过他。差不多先生的名字天天挂在大家的口头上。

差不多先生的相貌和你我都差不多。他有一双眼睛，但看得不很清楚；有两只耳朵，但听得不很分明；有鼻子和嘴，但他对于气味和口味都不很讲究；他的脑子也不小，但他的记性却不很精明，他的思想也不很细密。

他常常说：“凡事只要差不多就好了，何必太仔细呢？”他小的时候，妈妈叫他去买红糖，他却买了白糖回来，妈妈骂他，他摇摇头道："红糖白糖不是差不多吗？"

他在学堂的时候，先生问他："直隶省的西边是哪一个省？"他说是陕西。先生说："错了。是山西，不是陕西。"他说："陕西同山西不是差不多吗？"

后来他在一个钱铺里做伙计，他也会写，也会算，只是总不精细，十字常常写成千字，千字常常写成十字。掌柜的生气了，常常骂他，他只是笑嘻嘻地说："千字比十字只多一小撇，不是差不多吗？"

有一天，他为了一件要紧的事，要搭火车到上海去。他从从容容地走到火车站，结果迟了两分钟。火车已在两分钟前开走了。他白瞪着眼，望着远远的火车上的煤烟，摇摇头道："只好明天再走了，今天走同明天走，也还差不多。可是火车公司，未免也太认真了，8点30分开同8点32分开，不是差不多吗？"他一面说，一面慢慢地走回家，心里总不很明白为什么火车不肯等他两分钟。

有一天，他忽然得一急病，赶快叫家人去请东街的汪大夫。家人急急忙忙地跑去，一时寻不着东街汪大夫，却把西街的牛医王大夫请来了。差不多先生病在床上，知道寻错了人，但病急了，身上痛苦，心里焦急，等不得了，心里想道："好在王大夫同汪大夫也差不多，让他试试看吧。"于是这位牛医王大夫走近床前，用医牛的法子给差不多先生治病。不上一点钟，差不多先生就一命呜呼了。

差不多先生差不多要死的时候，一口气断断续续地说道："活人同死人也差……差……差……不多……凡是只要……差……差……不多……就……好了……何……何……必……太……太认真呢?”他说完这句格言,方才绝气。

在各种不值一提的原因中死去是“差不多先生”们必然的命运。一个不认真对待事情的人，只会将事情弄得越来越糟糕。一个工作“差不多”的员工，极有可能为公司带来致命的损失。对照一下当今社会人们的心态,这种大而化之、马马虎虎的“差不多”心态更加普遍存在于今天的职场中。企业中“差不多先生”比比皆是，殊不知正是因为“差不多”，许多企业被拒之门外，产品总是被打上二等货色的标签，与一等品差一点，其实是差很多。因为“差不多”心态，工作漏洞百出，产品缺乏竞争力。

一家面粉厂的业务员到小麦产区采购小麦，打听到粮食的价格是1000元一吨，于是马上给老板发电报问：“一万吨小麦。每吨1000元，价格高不高？要不要买？”老板看到电报生气地对秘书说:“真是乱弹琴,哪有这么高的价格,现在最高的价格也不到900元，给他发电报，就说价格太高！”秘书赶紧跑到邮局发了个电报：“不太高。”没几天，业务员带着签订的购销合同回来了，老板莫名其妙，追查原因才知道，秘书发电报时，“不”字的后面少了个句号。如果履行合同势必给公司带来100多万元的经济损失，后来经过多次协商，赔偿了对方15万元才算了事。当然这位秘书不久就被辞退了，而他在当地再也无法找到工作，不得不远走他方。

你看，“不太高”和“不。太高”不就是差了一个小小的句号吗？实际结果却相差十万八千里，这位“差不多先生”不背井离乡都不行了。

“差不多”有时会差很远，无论是相差0．1毫米还是0．1秒，竞技场上，冠军与亚军的区别，有时小到肉眼无法判断。比如短跑，第一名与第二名有时可能相差0．01秒；又比如赛马，第一匹马与第二匹马相差仅半个马鼻子，差几厘米而已。但是，冠军与亚军所获得的荣誉与财富却相差悬殊，全世界人的目光只会聚集在第一名身上。

小张、小王、小赵在同一家广告公司做文案策划。

一天，三人都接到了为房地产公司新开楼盘策划广告文案的任务，接到任务后他们马上开始搜集信息、寻找灵感，以求得到最好的创意。

小张在搜集信息时就不耐烦了，“这个楼盘的相关信息既烦琐又细碎，我估计仅搜集信息就要花费大量时间，与其把时间都花在搜集和整理信息上，还不如先休息几天，凭借我的聪明才智没准一不小心就能找到灵感。于是，他好好地休息了几天之后，就草草地策划了一份楼盘广告文案准备应付了事。他策划的这份文案读起来令人感到索然无味，完全是在堆砌辞藻，至于文案的创新性和审美性就根本不用提了。这样的文章显然没有利用价值，更不要奢望被房地产公司选中了，广告公司老板看完之后，随手扔到废纸篓中。

小王搜集了几天信息之后也感到无聊了，他觉得自己的工作实在是太枯燥了，几乎所有的灵感都在搜集信息中跑得无影无踪，尽管最后他挖空心思也没能思考出一个好创意，不过他还是想："我既然拿了老板的工资，就得把这个文章弄出来，只要差不多就行。于是，他强迫自己搜集和整理一些重要的信息。在他的努力下，文案终于策划好了，这个文案很真实地反映出了那个楼盘的重要特征，但是看起来总让人觉得缺少一点什么。

而小赵从接受任务那天起就开始通过各种途径搜集有关楼盘的信息，而且他还从图书馆借了几本最新的有关房地产广告文案的书学习，然后又向同事、朋友学习以后，凭借自己丰厚的知识累积，很快就找到了策划这一文章的灵感。有了灵感的他马上把灵感用文字捕捉住，又抓紧时间对文案进行润色和加工，最后，他终于在老板规定的期限内完成了这个优秀的创意。他交到老板手上的是一份颇具创意和吸引力并且不失格调的策划方案，老板看完之后马上把这份文案传真到了那家房地产公司，房地产公司对这份文案感到相当满意，当即决定采用。

到了年底，广告公司开除了小张，留下了小王和小赵，不过小王的工资和各种福利待遇都和小赵有着明显的差距。

职场上，我们常听到的一个词语就是"差不多"：做市场调研不细致，"没关系，差不多就行了"。做总结报告不明确，"就这样吧，差不多 OK。执行过程不到位，"差不多就行了"……正是我们有着难以割舍的"差不多"情结，才使得工作结果中充斥着数不清的“不合格”。

员工在工作中应该严格要求自己，能做到最好，就不能只做到次好。能完成100%，就不能只完成99%。不管你能力如何，都要有做到100%合格的认真意识，坚决摈弃“差不多”思想，和“差不多”划清界限。

认真箴言

“差之毫厘，谬以千里”，差“不多”结果差“千里”，都是毫厘之差，却有天壤之别！在职场上，必须杜绝“差不多”的心态，每个员工都是团队的一分子，如果每个人都“差不多”，累计起来，就会差很多了，不仅会导致组织难以获得利润，甚至还会因不慎造成重大事故。所以，拿出深藏在我们内心深处的认真劲，激发和唤醒追求认真、完美态度的主人翁精神，不要再做“差不多先生”。

细心谨慎，认真体现在细微处

工作中需要养成处处认真、谨慎细心的工作习惯。

人生由细节构成，事业由细节构筑，细节中往往包含着决定成败的因子。一个人如果能养成处处认真、谨慎细心的工作习惯，那他也就握住了成功的脉搏。

A小姐和B小姐都是某知名企业的公关员，因为最近老总有计划要裁员，A小姐和B小姐都在工作上较起了劲。一段时间后，公司决定为一个即将启动的项目举办剪彩仪式，一切工作就都交给A小姐和B小姐负责，这也是对她们俩的一次变相的考验。剪彩仪式上，两人的表现都很精彩，不过最后老总还是在一个小细节上判定了两人的胜负。那天的仪式，原定由五位市里的领导剪彩。当五位领导被请上台后，老总发现台下还有一位相当级别的领导也来了，于是又把这位领导也请上台一同剪彩。A小姐急得眼泪差点掉下来：这可要出洋相了！关键时刻，B小姐却从手袋里又拿出一把剪刀递上去。六位领导喜气洋洋地剪完了彩，皆大欢喜。三天后，人事部下了一个通知：A小姐走人，B小姐升任公关经理。

A 小姐和 B 小姐的成败，就系在了一个小小的细节上。一个看似不起眼的细节，你把它处理好了，可能就会得到一份意外的惊喜。所以工作中，我们一定要注意培养细心谨慎的习惯，为未来的事业打基础。

米开朗奇罗是人类史上最杰出的艺术大师之一。但无论是雕刻还是绘画，他的速度都不是很快，因为他注重细节，对任何一处细小的线条、色调，他都要花费许多时间仔细琢磨、推敲、揣测，力求达到最好的效果。

一天，友人拜访米开朗奇罗，看见他正对着一个雕像发呆，似乎他自己也成了一座雕像。

“你的作品还没有完成吗？”朋友忍不住对米开朗奇罗说。

“没有，还剩下最后的修饰！”

过了一段日子，友人再度拜访，看见他仍在修饰那尊雕像。

友人似乎有点不耐烦了，他说：“这么长时间了，看你的工作似乎没有什么进展，你每天都干什么了？”

米开朗奇罗回答：“我一直在整修雕像，你不觉得它的眼睛更有神、肤色更亮丽、肌肉更有力了吗？”

友人说：“这些都只是一些小细节啊！”

米开朗奇罗说：“不错！但是这些细节处理得不妥当，雕像就难以达到完美。”

看上去微不足道的细节往往会影响一件事情的大局。我们没有任何理由拒绝关注细节，就如同一个女子不能容许脸上沾染一点墨迹一样。

很多人对细节视若无睹，并堂而皇之地美其名曰“不拘小节”；还有人把随便散漫偷偷改为“随和浪漫”。他们不注重自己的个人形象，衣服脏兮兮、头发油腻腻；他们不关心办公桌上堆积如山的文件和资料，更不会想到报告中的标点符号是不是用对了……“这些都是小问题，没有什么大不了！”对细节无所谓的人总是这样想、这样做。

那些优秀的、成就非凡的人，总是于细微之处用心，在细微之处着力。因为正是有这些毫不起眼的细节的完美，才保证了以后大事的成功。

一位在工作中十分注重细节的工程师的座右铭是：即使一个细节没有做好，也不算完成任务。

有一次，这位工程师被派往一个与公司有合作关系的企业考察一个项目。为了能够将项目的全景拍下来，他不惜徒步走了两公里山路，爬到一座山的山顶上拍摄，连项目周围的风景都拍得很清楚。其实，他站在公司会议室的楼上完全可以拍到项目的情况。那家合作公司的领导问他为什么要这么做。

他说，回去后要向董事会汇报整个项目的详细情况，周围的风景也是项目的一个重要影响因素，所以要带回去给高层领导和设计师看。

这样一个尽心尽力、注重细节，把工作做到完美的员工一定是一个认真负责的员工，得到提升自然是指日可待的。

在日常工作中，人们总是习惯注意关注那些大的事情、大的问题，而经常忽略那些细小的问题。原因是认为它们太“小”，完全没有必要在这上面耗费太多的精力和时间。殊不知小问题容易出现大纰漏，疏忽一个不起眼的小细节极有可能会葬送一个大项目。因此，对小细节应引起足够的重视。

巴西海顺远洋运输公司曾经有一艘先进的海轮，名叫“环大西洋”号，后因一次海难事故而永远沉没于大海。

当巴西海顺远洋运输公司的救援船到达出事地点时，21名船员连同“环大西洋”号全部消失了。海面上风平浪静，只有救生电台继续拍发着求救电波。救援人员无法想象这片海况极好的海域究竟发生了什么，造成这条最先进的海轮沉没。

这时，有人发现电台下绑着一个密封的瓶子。瓶子里面有一张纸条，纸条上的文字由全船21名船员的不同笔迹写成：

一水理查德：“3月21日，我在奥克兰港私自买了一个台灯，想给妻子写信时照明用。”

二副瑟曼：“我看见理查德拿着台灯回船，说了句这个台灯底座轻，船晃时别让它倒下来，但没有干涉。”

三副帕蒂：“3月21日下午船离港，我发现救生筏施放器有问题，就将救生筏绑在了架子上。”

二水戴维斯："离港检查时，发现水手区的闭门器损坏，我便用铁丝将门绑牢。"

二管轮安特耳："我检查消防设施时，发现水手区的防栓锈蚀，心想还有几天就到码头了，到时候再换吧。"

船长麦凯姆："起航时，工作繁忙，没有看甲板部和轮机部的安全检查报告。"

机匠丹尼尔："3月23日上午，理查德的房间消防探头连续报警。我和瓦尔特进去后，未发现火苗，判定探头误报警，拆掉交给惠特曼，要求换新的。"

大管轮惠特曼："我说正忙着，等一会儿拿给你们。"

服务生斯科尼："3月23日13点到理查德房间找他，他不在，坐了一会儿，随手开了他的台灯。"

机电长科恩："3月23日14点我发现跳闸了，因为这是以前也出现过的现象，没多想，就将闸合上，没有查明原因。"

三管轮马辛："感到空气不好，先打电话到厨房，证明没有问题后，又让机舱打开通风阀。"

管事戴思蒙："14点半，我召集所有不在岗位的人到厨房帮忙做饭，晚上会餐。"

医生莫里斯："我没有巡诊。"

电工荷尔因："晚上我值班时跑进了餐厅。"

最后是船长麦凯姆总结的话："19点半发现火灾时，理查德和苏勒房间已经烧穿，一切糟糕透了，我们没有办法控制火情，而且火越来越大，直到整条船上都是火。我们每个人都犯了一点点错误，但酿成了船毁人亡的大错。”

看完这张绝笔纸条，救援人员谁也没说话，海面上死一样寂静，大家仿佛清晰地看到了整个事故的过程。

我们可以推断这个灾难的形成过程：

理查德私买台灯回船后，没有任何人制止，同事找他时又把台灯随手打开。负责安全巡回检查的人又忽视了理查德的房间。事实上，台灯底座太轻，亮着的台灯在颠簸中落地，引起电火花，在地毯上产生了火苗。火苗沿着桌腿、桌布、床单蔓延，最后导致电路跳闸，电工却对这个重大的危险信号习以为常，随手把闸合上。因为房间里的消防探头被拆掉了，新的尚未安装，所以无法报警，火苗静悄悄地肆虐着。焦煳的气味传了出来，三管轮闻到了，就直接打电话给厨房，厨房觉得没问题，也没有一个人追究焦煳气味从何而来。下午几乎所有人员都离开了岗位，去了厨房；晚上，医生放弃了日常的巡检，就放弃了发现问题的一个机会，就连值班的电工也私自离岗！最后，当大火被发现，着火的房间已经被烧穿，水手区的门被绑死了，怎么也进不去，消火栓锈蚀打不开，无法灭火，闭门器和救生筏被牢牢绑住，无法逃生。而这些问题船长在此前根本没有发现，因为他没有看甲板部和轮机部的安全检查报告。

这是一起由多个微小失误叠加而成的责任事故。为了使公司员工永远记住那段伤心的往事，避免同类事故再次发生，该公司门前至今仍树立着一块石碑，上面刻着那段令人悲痛而又发人深省的事故。

每个“小错误”看起来似乎很轻微，但叠加在一起就成了一场无法规避的灾难，正如船长麦凯姆总结的那样：“我们每个人都犯了一点点错误，却酿成了船毁人亡的大错。”仔细检讨我们的工作，低标准、老毛病、坏习惯之类的“小错误”可以说比比皆是，如果总是视而不见、习以为常，那么“大事故”的发生也将在所难免。

认真箴言

工作中的细节看上去毫不引人注意，却恰恰是一个人认真与否的最好证明。那些百分之百关注工作的员工，总是能够认真对待工作中的每一个细节，将工作做到尽善尽美。也正是这份对工作的认真，才使他们获得了成长和发展的机会。

处处留心，工作之中无小事

以认真的态度做好工作岗位上的每一件小事，以责任心对待每个细节。

卢浮宫内收藏着莫奈的一幅画，描绘的是女修道院厨房里的情景。画面上正在工作的不是普通人，而是天使。一个正在架水壶烧水，一个正优雅地提起水桶，另外一个穿着厨衣，伸手去拿盘子——即使日常生活中最平凡的事，也值得天使们认认真真地去做。

一位人力资源部经理说：“看一个人是否认真，不用从什么大的方面来看，就从那些细微的小事、下意识能做的事情中就可以得到答案。”

一家公司招聘新员工。来了不少应聘者。面试只有一道题，就是谈谈对认真工作的理解。对于这样的一个问题，很多人都认为简单得不能再简单。勤奋、敬业、负责……几乎每个人都从不同的层面阐释了自己对认真的理解。

然而，结果却出人意料——所有人都没有被录取。

“其实，我们也很遗憾。我们很欣赏各位的才华，你们对问题的分析也是层层深入，语言简洁流畅，令各位考官非常满意。但是，我们这次考试不是一道题，而是两道，遗憾的是，另外一道你们都没有回答。”经理说。

大家哗然：“还有一道题？”

“对，还有一道，你们看到躺在门边的那个笤帚了吗？有人从上面跨过去，有的人甚至往旁边踢了一下，却没有一个人把它扶起来。”

“对认真的深刻理解远不如做一件不起眼的小事，后者更能显现出你的认真态度。”经理最后说。

看来，企业在选拔人才时十分看重员工对小事的态度。一叶知秋，小中见大，也正是这样的道理。世界上很多成功的人都是认真对待小事的人，也正是他们的这种工作特质，让他们取得了比常人更大的成就。

退伍军人黄先生去一家建筑公司应聘，面对坐在对面的公司总经理，黄先生讲了自己许多优点，如带过兵，会管理人，也善于服从，在部队学了不少地方上学不到的东西，虽然没有大学毕业证书。这些都没有让总经理心动，但黄先生离开时的一个小动作——将坐过的椅子搬回原处，却引起了这位总经理的注意，并影响到他的聘任决定：降“格”以求，公司录用了黄先生。因为总经理认为：建筑行业的工作就是要滴水不漏，不能有一点疏忽。

在三个月的试用期开始时，黄先生同三位同时被聘任的大学生一起被派往一个建筑工地，整天同工人们一起干活，一身泥、一脸灰、一头汗。不出三天，三名大学生打了退堂鼓，而黄先生却想到工作难找，虽然心中犯嘀咕，但还是咬咬牙坚持了下来。

十几天后的一天中午，工长与工地管理人员都先走了，可天就要下雨了，黄先生看见工地上有十几包水泥要被雨淋湿，就请没走的工友一起把它们搬进工棚中。可是没人帮忙，黄先生只好一个人将十几包水泥搬进了工棚，累得一身臭汗，直喘气。有人说："这又不是你的工作，操哪门子闲心。"也有人说："当兵的就与咱们老百姓不同。"

这时，公司总经理开着车赶到了。看着那些建筑材料没有造成什么损失，很高兴。

第二天，黄先生被通知到总经理办公室一趟。黄先生走进办公室时，看到了总经理脸上少有的笑容，并说："工地你不必去了，就留在公司帮我吧，你已经完全合格了！"

一年后，黄先生成了公司的业务部门主管。

"细微之处见精神"，微小而细致的细节不会在市场竞争中显得那么大张旗鼓，可以取得立竿见影的效果，但是它有着自己的独特精神。小事的竞争，就像春雨润物，无声无息又潜移默化。在科技发展达到相当水平的今天，大刀阔斧地干就可以大大超越别人的年代已经一去不复返了，决定竞争胜利与否的因素，往往就是一点一滴的工作细节。也许一丝一毫的差别并不大，但可能就是一丝一毫的差别，铸就了用户对品牌的认可，这就是小事的魅力。对于员工来说，对待小事就是我们走向成功的做事态度，做大事必重小事，这就需要我们在小事上下工夫。

一名法国人到上海参加商务会谈，入住一家五星级酒店。早晨，这个法国人准备吃早餐时，一位女服务员微笑着和他打招呼“早上好，史密斯先生。”法国人感到非常惊讶，也非常高兴，因为他没有料到这个服务员竟然知道他的名字。在服务员的带领下，法国人来到餐厅就餐。用过早餐后，服务员端上了一份酒店免费的点心。法国人对这盘点心奇怪的样子很好奇，就问服务员“中间这个绿色的东西是什么？”那个服务员上前看了一眼，后退一步并做了解释。当客人又提问时，她上前又看了一眼，再后退一步才作答。原来后退一步是为了防止她的口水溅到食物上。法国客人对这种细致入微的服务非常满意。

几天后，当法国人处理完公务准备退房离开时，服务员把单据折好交给这位客人，说“谢谢您的光临，史密斯先生，真希望不久就能第三次见到您。”

原来，这位客人在半年前来上海时住的就是这家酒店，只不过上次只住了一天，所以对这个服务员没什么印象，而她居然还能记得这位客人。

后来，这位法国客人每次来到上海都住在这家酒店，而那位服务员的服务依然是那么细致入微。当这个法国人最近一次入住这家酒店时，发现当年的那位服务员已经是酒店的客房部经理了。

小事蕴藏着巨大的能量，看不到小事，或者不把小事当回事的员工，对工作缺乏认真的态度，对自己的任务只能是敷衍了事。这类员工无法把工作当作一种乐趣，而只是当作一种不得不受的苦役，因而在工作中缺乏工作热情。他们永远只能做别人分配给他们做的工作，甚至即便这样也不能把事情做好。而注重小事的员工，不仅认真对待工作，将工作做好，而且注重在做小事的过程中找到机会，从而使自己走上成功之路。

小田千惠是索尼公司销售部的一名普通接待员，她的工作职责就是为往来的客户订购飞机票、火车票。有一段时间，由于业务的需要，她时常会为美国一家大型企业的总裁订购往返于东京和大阪的车票。

后来，这位总裁发现了一个非常有趣的现象：他每次去大阪时，座位总是紧邻右边的窗口，返回东京时，又总是坐在靠左边窗口的位置上。这样每次在旅途中他一抬头就能看到美丽的富士山。

“不会总有这么好的运气吧？”这位总裁对此百思不得其解，随后便饶有兴趣地去问小田千惠。

“哦，是这样的，”小田千惠笑着解释说，“您乘车去大阪时，日本最著名的富士山在车的右边。据我的观察，外国人都很喜欢富士山的壮丽景色，而回来时富士山却在车的左侧，所以，每次我都特意为您预订可以一览富士山的位置。”

听完小田千惠的这番话，那位美国总裁内心深处产生了强烈的震撼，由衷地称赞道：“谢谢，真是太谢谢你了，你真是一个很出色的雇员！”

小田千惠笑着回答说：“谢谢您的夸奖，这完全是我职责范围内的工作。在我们公司，其他同事比我更加认真呢！”

美国客人在感动之余，对索尼的领导层不无感慨地说：“就这样一件小事，贵公司的职员都做到这么认真，那么，毫无疑问，你们会对我们即将合作的庞大计划尽心竭力的，所以与你们合作，我一百个放心！”

令小田千惠没有想到的是，因为她的认真，这位美国总裁将贸易额从原来的500万美元一下子提高至2000万美元。

更令小田千惠惊喜的是，不久她就由一名普通的接待员提升至接待部的主管。

几乎所有的员工都胸怀大志、满腔抱负，但是“冰冻三尺，非一日之寒”，成功不是骤然而起的，而是由点点滴滴细微的工作凝聚而成的：从对客户拜访的每个微笑至换位思考为客户着想；从数据的周全准备至严密的逻辑思维分析；从各部门相互协调配合到各自岗位上的小事处理的完善。只有小事做好了，才有公司制度的健全与完善，才能在平凡的岗位上创造出最大价值。“以管窥豹，可见一斑”。我们往往可以从生活中的一些细枝末节的小事洞察秋毫，从而感悟到一个人、一个企业、一个国家乃至一个民族的内在精神。

认真箴言

小事不能小看，细节方显魅力。以认真的态度做好工作岗位上的每一件小事，以责任心对待每一个细节，就能取得比别人更丰厚的工作成绩，就能在平凡的岗位上创造出巨大的价值。

第七章
认真准备，机会只垂青有准备的人

准备工作做得越认真，在执行任务时才能更顺利，如果我们不对工作做好充分的准备，将永远不会把这件事做得很出色，也永远不会受到成功的青睐。

高效执行离不开准备

认真准备使工作更简单、更快捷。

现在，企业中的策划高手越来越多，他们能够从复杂多变的市场中找到真正适合自己企业的营销手段和造势技巧。但是，为什么只有少数企业取得了成功呢？是他们的方案比别人的都高明吗？这并不是真正的原因，毕竟，再高明的策划也需要有人来落实，只有将这些纸面上的设想落实到行动中，这个方案才能起到它应有的效果，无法完成的想法一钱不值。

从《从致加西亚的信》中我们可以看出，每一个企业需要的是能够主动领导自己的企业人员，而不是那些被人推着走的员工。于是，老板们就都认为他的手下缺少积极的精神，同时也缺少一点执行力。

但是，即使企业每天向员工们不断灌输执行观念，我们的企业就一定能够锻炼出一支具有罗文精神和具备执行能力的团队吗？我认为也不尽然，其实，有相当一部分员工并不缺乏主动精神和工作热情，他们缺少的是在接受任务以后认认真真的准备。在某些时候，这种盲目的主动和热情对企业的危害更大。

有一位勤劳的伐木工人，他被指令砍伐100棵树，接受任务以后，他毫不拖延地投入到了工作当中，每天工作10个小时。可是渐渐的，他发觉自己砍伐的数量在一天天减少。

他开始想，一定是自己工作的时间还不够长，于是除了睡觉和吃饭以外，其余的时间他都用来伐树，一天要工作12个小时。但他每天砍伐的数量反而有减无增，他陷入了深深的困惑之中。

一天，他把这个困惑告诉了主管，主管看了看他，再看了看他手中的斧头，若有所悟地说："你是否每天用这把斧头伐树呢？"工人说："当然了，没有它我可什么也干不了。"主管接着问道："那你有没有磨利这把斧头呢？"工人的回答是："我每天勤奋工作，伐树的时间都不够用，哪有时间去干别的。"

听到这里，主管说："你可知道，这就是你伐树数量每天递减的原因。虽然你的工作热情很高，但你连工作必需的工具都没有准备好，又怎么能提高工作效率呢？"

在我们身边，有很多人像这个伐树工人一样，总是忘了应该采取必要的准备使工作更简单、更快捷。你又怎么能指望他们高效高质的执行好任务呢！要知道，在信息时代的今天，不磨刀就等于没有刀！

在各式各样的企业中，总是有50％的指令被变通执行或打了折扣执行；30％的指令有始无终，最后不了了之；15％的指令根本没有执行，也就是说，实际上只有5％的指令真正发挥了作用。

其实，问题就是出在了准备上。现在，让我们看一看三个员工对待同一个指令的三种不同结果。

某家大型企业集团的采购部经理脾气暴躁、傲气凌人，许多想向他推销产品的业务员都碰了钉子。有一次，他到某个城市出差，一个生产办公设备企业的销售主管知道后，决定派员工A去拜访他，把企业的产品推销出去，由于这位经理只在这个城市停留一周，所以销售主管希望能在他回去之前草签一个合作意向。A接受了任务后，心想：这个经理不好打交道是出了名的，许多公司的人都被他整得下不了台，给的时间又这么短，我肯定完不成任务，不如想个办法躲过去吧。于是，他第二天并没有去宾馆拜访这位经理，而是在家里舒舒服服地休息了一天。第三天一早，他回到公司，对主管说："咱们得到的消息太晚了，他已经和别的公司签订了合同，这个客户只能放弃了。"

主管听说后感到非常失望，但又不甘心丢掉这个大客户，于是决定再派员工B去试试。B接受了任务以后，什么也没有说，把要推销产品的简介往包里一塞，在10分钟之后就赶到了采购经理所住的宾馆，他直接来到了经理的房间，敲开门后马上开始介绍自己的产品。谁知采购经理有睡午觉的习惯，被B吵醒后已经非常愤怒，那里有心情听他说些什么，一通臭骂将B轰了出去。B并没有泄气，他在宾馆的大堂里坐下，想等经理下来吃晚饭的时候再向他展开攻势。而经理因为被人打搅了午睡，整个下午都昏昏沉沉的，到了晚上根本没有胃口吃饭，早早就休息了。

可怜B在大堂里一步也不敢离开，一直等到晚上10点才饿着肚子回去了。

第二天的早上，当B带着失败的消息回到公司后，销售主管已经不抱什么希望了，正当他准备放弃的时候，突然看到了刚进公司没几天的C，主管想：反正已经没希望了，不如让C去碰碰运气，就当是锻炼新人吧。于是，C又接受了这个任务，而这时距采购经理离开的时间只剩下三天。C并没有急于去宾馆，而是通过各种渠道详细了解采购经理的奋斗历程，弄清了他毕业的学校，处事风格，关心的问题以及剩下这几天的日程安排，最后还精心设计了几句简单却有分量的开场白。

这些准备工作用了C一天的时间，到了第二天一早，C也没有直接去宾馆，而是回公司整理了一个小时的资料，把公司产品和竞争对手产品进行了详细的比较，并将能突出自己产品优势的地方全都列了出来，然后把那位采购经理对产品最关注的耐用性、售后服务等关键点进行了非常具有诱惑力的强化。因为他已经查明，采购经理今天上午有一个简短的约会，要到十点半才回去，所以这些准备工作的时间对他来说是绰绰有余。C在十点一刻到了宾馆，在通向经理房间必经的电梯旁等候。十点半，采购经理回到了宾馆后直接上了电梯，C也马上跟了进去，从经理最感兴趣的话题开始，很快就得到了去经理房间喝咖啡的邀请。后来的事就很简单了，采购经理一次就定购了这家公司一个季度的产品量，并且签订了正式合同，甚至在他临走的那一天，这笔业务的预付款就已经到达小C所在公司的账户了。

像A这样的企业职员其实是很“聪明”的，可惜是用错了地方。他缺少直面困难的勇气，也不愿意自我反省，根本无法独立自发地做任何事，只有在一种被迫和监督的情况下才工作。在他看来，敬业是老板剥削员工的手段，忠诚是企业欺骗下属的工具，为任何一项工作认真做准备对他来说更是一种奢望。这样的人你怎么能指望他能够成为一个高效的执行者呢？可以确信的是，他离被公司扫地出门已经不远了。

但是像B这样的员工恐怕也无法使企业感到满意，你很难说他不主动，不积极，也不缺乏工作的热情和牺牲精神。不过，在他身上似乎还缺少了一种很重要的东西，没错，就是准备。他在接受任务之后根本没有考虑对方是一个什么样的人？最关心产品的那些方面？现在这个时间去拜访是否合适？正是在这些方面没有准备使他的执行变得毫无价值，还挨了一顿臭骂。

那么，在C身上我们看到了什么？当然是在充分准备后所表现出的高效高质的执行力，这也正是目前被人们忽视最多的职业品质。面对其他同事都解决不了的难题，他没有畏难情绪，将困难一推了之；也没有仓促行动，而是有条不紊的从准备工作开始，一项项的落实到位，从拜访的时间、开场白、对方的办事风格一直到产品优劣势的分析、调研……任何一处都体现了一个高效能员工的职业素养。

认真箴言

只有准备，才能使企业的命令得到切实、全面的执行；只有准备，才能使每一个行动变得有价值；只有准备，才能使企业的每一名员工成为高效能的执行者。

想成为高效能的执行者吗？那就别再犹豫，马上开始准备吧！

蛮干导致出错，准备成就卓越

毫无准备的蛮干还不如不干，任何企业都不会需要这样的人。

从塑胶厂起家，依靠房地产构建了一个庞大财富王国的李嘉诚曾经说过：“没有一座高楼大厦不需要地基的支撑，没有一项成功不需要准备做基础。”这正是他半个世纪以来所有成功经验的精髓。可惜直到现在，还有很多人对此懵懂无知。

在30多年前，当时李嘉诚所投资建设的一处楼盘即将破土动工。为了加快速度，李嘉诚将这个楼盘的东西两区分别交给两个人来负责完成。本来这两个区是准备同时动工的，但由于东区的建筑图纸有一点细微的瑕疵需要修改，只得让西区先开始。不知道是确实为了工期着想还是害怕西区的负责人因为比自己早完成而丢面子，东区的负责人等不及图纸修改完毕就急着要动手了。

在他下达命令以后，有不少人都表示了担忧，劝他等拿来修改后的图纸再开始，其实最多也就是两天的时间。但这个负责人是一刻也不愿意再等了，他认为图纸的修改不会对挖地基有什么影响，只有这样做才能保证效率。

可意想不到的是，两天以后，把图纸拿回来一看，才发现图纸上将原来停车位扩大的地方，现在已经被挖了一个深深的大洞，本来想抢时间的负责人这下慌了手脚——还要额外多付出人力物力来填这个原本就不必挖的洞。

这种事情是瞒不住的，李嘉诚知道后毫不犹豫地开除了东区的负责人，他说道：“毫无准备的蛮干还不如不干，任何企业都不会需要这样的人。”

“准备”这两个字对李嘉诚来说，确实太深刻了，就像刻在他心里一样。可以说，没有准备，就没有现在的李嘉诚。

当李嘉诚创办的塑胶厂陷入重重困境的时候，正是准备帮助他起死回生。当时他面临的困难很多：资金不足、设备陈旧等等。就在李嘉诚冥思苦想解决办法的时候，有一个外商找到了他，说要采购一大批塑胶花运回欧洲去。

第二天，在香港一家酒店的静谧而优雅的咖啡厅里，李嘉诚从手提包里拿出八种的精巧别致的塑胶花，放在外商面前。然后，李嘉诚诚恳地告诉外商：

“先生，这八款塑胶花是我和公司设计人员昨晚一夜没睡设计出来的，这其中有五款是完全按照你的要求设计的；而另外三款，因为我考虑到你的订货是为圣诞节准备的，因此，在你的要求的基础上，再糅进一些东方民族的传统风格，我认为或许你会喜欢，所以全部拿来，供你挑选。”精明的李嘉诚明白自己资金不足的劣势，但他看准了这次薄利多销的机会。他敏感地预测到如能与这位订货商达成协议，那么长江工业公司不但可以脱离困境，而且还可以在香港取得相当有利的竞争地位。李嘉诚接着说：“就我个人而言，我当然十分希望能够长期与您合作。长江目前虽没有取得足够的资金以及担保，但是我们却可以给你提供全香港最优惠的价格、最好的质量、最优的款式，并保证在交货期按时交货。而且，这八款塑胶花样品，如果你觉得满意，我愿意送给你，只是希望有机会跟你合作。"

李嘉诚的这番话深深地打动了外商。这位订货商以十分惊讶又十分欣赏的目光注视着面前这位华人企业家，钦佩他竟然能在一夜之间设计八种款式的塑胶花供他挑选，订货商高兴得情不自禁地握着李嘉诚的手连声说："了不起，年轻人，单看你们前期的准备工作，我就已经很放心了，我同意跟你合作，你会干好的！"

这次成功使长江工业公司从此站稳了脚跟，并在香港塑胶企业内有了相当的竞争能力，也使李嘉诚清醒地认识到准备的力量。

确实如此，一件看似简单的事情如果没有经过准备就鲁莽去做，很可能会失败，而一件看似艰巨的事情，只要准备充足也会取得成功。

林白，美国著名的飞行家，首次单独不着陆横越大西洋。

他当时仅仅 25 岁，冷静地用自己的生命去打赌，赢得了看起来是完全不可能的一搏。

起飞前他度过了一个不眠之夜。他从纽约长岛驾驶着一架单引擎飞机起飞了，这架飞机里挤满了汽油桶，几乎没有他坐的地方，汽油的重量使得飞机负担太重，在从纽约飞往巴黎的途中，想空降那是不可能的。

一路上大雾遮住了他的视线，当时没有无线电让他同地面保持联系，不过，他身上早已准备了指南针。最后，他在起飞33个小时后就横越了大西洋，终于在巴黎机场安全降落了。

是勇敢吗？真不敢相信是这样。

是鲁莽蛮干吗？绝对不是。

为了这次飞行，林白做了为期几年的准备工作，训练自己，准备自己的飞机“圣路易精神号”。他从威斯康星大学退学出来学习飞行，加入了飞行训练队；他得到空军批准，可以在闲余时间进行飞行；他作为美国航空邮政飞行员在白天黑夜、晴天雨天都飞行，行程多达几万英里；他曾遇过险情，飞机被迫降在农田里，他学会修理飞机引擎并懂得每个零件的工作原理。

“幸运的林白”，新闻媒介这样称呼他。不！他的成功不是因为他走运，而是因为在冒险之前，他为自己做好了充分的准备，而且是尽了最大的努力。而企业最需要的就是像林白这样能够为每件工作做好准备的员工，而那些只知低头蛮干，可最终只是落得一塌糊涂的结果的员工必将会被淘汰出局。

有人可能会说：“我没做准备不也完成任务了吗？”在这里，我想说的是，有时候一点点小小的运气可能会使你暂时有所收获，但我们永远不会只靠运气去完成任务。谁都知道运气不可能每次都会出现。

认真箴言

你如果想在自己的一生中走出一条完美的职业轨迹，唯有依靠充分的准备来认真对待自己的工作。

认真准备才能胜任工作

善于做准备的员工往往比其他员工更具竞争力，也更受欢迎。

在一个企业里，一些员工看似很聪明，却效率不高，而总有一些员工做起事来很有条理，有极高的执行力，许多管理者只看到了表面。经过调查，那些总是能够出色完成任务的员工，无一不是认真做准备的人。也就是说，执行力的保证就是准备。

在有些聚会上，总会听到一些老板的抱怨："我的会计主管工作态度积极主动，勤劳苦干，非常敬业。但为什么总是一再把事情办砸？""我的助手一天到晚地在忙碌，却效率极其低下，简直让人无法忍受！"

"员工在执行任务之前，他们准备好了吗？"在工作中，使员工苦恼的，往往不是工作的复杂与繁重，而是他们没有弄清要怎样去完成任务。是他们的能力没有达到吗？是他们不积极主动吗？其实不尽然，是他们没有做好应有的准备。

2003年的秋天的一个早晨，N.C电子公司的董事长詹姆士·拉尔走在他的厂区里，经过一个正在清扫树叶的保洁员身旁。保洁员拿着一把长长的扫把，费力地扫着。而那把扫把实在太旧了，齿间稀疏，漏掉了许多的叶子。

詹姆士停下来问："先生，你的工具太不好用了吧，为什么不换一把？"

“我的操作间里只有这一把。”保洁员头也不抬地继续干着他的活。“你为什么不去仓库里找找呢？”

“没有，离领工具的时间还有一个星期，再说，仓库离我的操作间也实在太远了。”保洁员用手擦拭了一下头上的汗水，才发现和自己说话的竟是董事长，不禁有些不知所措。“噢，詹姆士先生，我不知道是您，我这就去仓库找找。”

看着保洁员离去的背影，詹姆士十分生气：“这是在做工作吗？真不能理解！要不是看在他一直辛勤地工作，从不偷懒的分上，我现在就开除他。”

看到这里，我们要为那个保洁员感到庆幸，幸亏詹姆士对他有所了解，如果詹姆士对他的平时表现一无所知的话，那这个保洁员的命运就可想而知了。换一个角度来想，如果一名保洁员在做工作之前，就把工具准备好，并设想一下工作程序，做到最省力与省时，詹姆士就会在辛勤、本分的印象上再加上一个聪明与能干的好评语了。现在，我们又要替这位保洁员担心了，即使他今天躲过被解雇的危险，今后的工作如果仍旧没有准备的话，谁又能担保下次不被解雇呢。

在一个企业中，如果只是做一个时刻警惕自己职位的员工实在是太可悲了。那怎么找到自己的价值所在，使自己成为企业中最受欢迎的员工呢？做好充足有效的准备是一条捷径。当然，勤奋、敬业、忠诚、主动也是不可缺少的。而准备是这些品质的先提条件，没有准备精神，勤奋、敬业、忠诚就如同建立在沙堆上的空中楼阁，谁也不知道会在什么时候坍塌。

可以这么说，没准备的勤奋是效率低下的勤奋；没准备的敬业是不断贬值的敬业；没准备的忠诚是盲目的忠诚；而没准备的主动也许就是添乱的主动。

海德与艾米是在同一部门——销售部做销售助理。两个刚来到新的工作岗位的年轻人都跃跃欲试，工作都很积极卖力。但以后的事情则大大出乎人们的意料。

一天，海德预约的一个客户按时来到公司，找到正在忙碌的海德。此时的海德正低头埋在一大堆客户资料中，焦头烂额的分类。看到已经到来的客户，才想起这宗早已预约好的签单业务。

海德满怀歉意地请客户来到洽谈室，这才发现应该复印的文件和资料以及产品的说明书都还没有准备好，不禁大惊失色，连声道歉，匆忙跑去复印。等一切准备就绪后，海德发现客户已经十分不耐烦了。

当海德满怀歉意地向客户介绍产品的性能时，才发现在慌乱中，他把产品说明书复印错了。这次客户没有再等待，而是直接转身离去了。

海德的懊丧可想而知，但经理没有过多地批评他，只是告诉他，明天艾米也有一个签单业务，让他去看看艾米是怎样做的。

第二天，艾米按照预约的时间，笑容可掬地站在洽谈室门前等待客户的到来。客户没有迟到，但还是对艾米的等待多少有些意外，可以看得出来，这种被重视的感觉让客户心里很满意。海德不禁想起昨天自己对客户的态度，脸不由得红了起来。

只见艾米不慌不忙地打开文件夹，里面的产品资料、使用说明、文本合同一应俱全。艾米有条不紊地一项一项地向客户介绍产品的情况，并把近期公司举行的优惠活动详细地告诉了客户，并站在客户的角度上提出了一些非常有益的建议。

最后，艾米对客户说："听说贵公司最近又要在西雅图开设一个分公司，我想，贵公司一定在短期内还要引进我们公司的设备。如果您愿意的话，可以在这次订货中一起购置所需设备。这样，不仅可以因数量多而有更多的优惠，而且可以省去一些不必要的装运费用，你看怎么样？"客户显然是动心了，马上给总公司的负责人打了电话，当得到肯定的答案后，将最初要订100万美元的货物增加到了200万美元。

海德在一旁看得目瞪口呆，怎么也想不到会是这样的顺利。

艾米因为一贯都把每项工作都做得很圆满，而被提升为部门经理，并得到了公司的嘉奖。

许多员工常因为做事没有准备，而错失大好机会。其实，只有准备充分，后面的工作才能真正达到水到渠成的效果。就像艾米一样，只不过在每次会见客户前，把所有可能用到的资料准备好，并提前调查清楚对方公司的实际情况以及最新的动态，掌握第一手资料，尽可能了解详细。当一切准备就绪后，在会见客户时，就有了十分的把握。

同时，从客户的角度出发提出一些建议，为客户的利益着想，也是准备工作中需要考虑的因素之一。因为客户与企业的利益在某种程度上来说，是完全一致的。

忙是最容易找到的理由，似乎越忙的员工表明越能干，越受上司的赏识。但往往我们发现，忙的真正原因，不是因为上司的赏识而承担了更多的责任，而是工作前缺乏准备，在工作时显得没有条理，导致的结果就是没有效率，甚至事倍功半。

准备是会占用一部分时间。于是，有的员工以为，只有尽快进入正题，才能越早把事情完成。但实际上，没有准备的工作更浪费时间，而且更容易忙中出错。这样的员工是不会受人欢迎的。

认真箴言

如果你把该做的准备工作都做好了，剩下的事情就非常简单了。那些得到公司肯定和欣赏的员工正是因为做事更有效率，执行力更强，才得到企业青睐的。因为企业毕竟是以效率来论英雄的。

准备使你变得不可替代

你永远不可能比别人多长一个脑袋，但准备，却能使你变得不可替代。

曾有人这样形容现代职业人的竞争环境：“每一条跑道上都挤满了参赛选手，每一个行业都挤满了竞争对手。”在人满为患的跑道上和拥挤的行业竞争通道中，怎样才能成为一匹黑马，成为令人羡慕的领跑者呢？最简捷的方法就是做好准备。

许多职场中最不愿意听到的一句话，就是“你被解雇了！（You're fired!）”这句让职场中人噤若寒蝉的话在美国的大街小巷却异常火暴，成为了时尚的口头禅。这一切都源于美国全国广播电视台（NBC）的纪实秀——“学徒”（The Apprentice）。

16 个参赛者，8 男 8 女被分成两组，到纽约来面对美国地产大亨唐纳德·特朗普（Donald Trump）的挑战，大家轮流担任团队领导，每一周分别作一个诸如卖矿泉水，出租房子的项目，输掉的一方中会有一位对团队最没有贡献的成员被“炒掉”，最后胜出的一位则可以得到一年的合约，在唐纳德·特朗普旗下的某个公司担任“学徒”。

可别对这位“学徒”看不上眼，他一年的薪酬为 25 万美元。唐纳德·特朗普本人在这档节目中担任裁判，他最常说的一句话就是“你被解雇了”，而这句话现在似乎已经成了他的标志性用语。

“学徒”目前已经成为美国最受欢迎的电视节目之一，观众将近2000万。“学徒”节目的创始人和裁判特朗普现在已经成了他们自己节目“口头禅”的受害者。特朗普说，每天都有“学徒”迷们向他大喊“你被解雇了！”就连他在餐馆吃饭时也不得清静，总会有人隔着桌子冲他大喊“你被解雇了！”

“学徒”节目之所以取得了成功，最重要的原因就在于它唤醒了深埋在人们心中的那种对职业的极度不安全感。在节目中，每一个人都在高度的不安全感中度过，每一个人都有可能听到他们最不愿意听到的唐纳德·特朗普那冷酷的声音。

“你被解雇了”在节目中对参赛者来说可能只是游戏，但在现实生活中呢？如果你被解雇了，怎么办？如果明天你的收入中断了，你能继续支付房屋分期付款到何时呢？买车的贷款，又将如何应对呢？还有孩子上学的费用呢？如果你被解雇了，你还能保护你和你的家人多长时间呢？六个月？三个月？三个星期？！！！

于是，每个人都开始在工作中认真的审视自己。

我能适应未来的社会吗？

我为我的将来做好准备了吗？

到底要怎样做才能成为公司不可替代的人呢？

……

在任何一家企业和工厂，都有一些常规性的调整过程。公司负责人经常送走那些无法对公司有所贡献的员工，同时也吸纳新的成员。无论业务如何繁忙，这种整顿一直在进行着。那些已经无法胜任工作、缺乏才干的人，都被摒弃在企业的大门之外，只有那些最能干的人，才会被留下来。

这种被淘汰的风险，是我们每一个人都非常关注也都感到非常困惑的问题。应对这种风险最基本的方法就是准备，准备工作多做一分，相应的风险就会减少一分。这就要求我们无论对待任何事情都必须具有“万一……怎么办”的意识，做到凡事都未雨绸缪、预做准备，从而减少风险发生的几率。与之相对应的是，你所做的准备越少，承受的危险就会越大。

在某个钟表厂，有一位工作非常卖力的工人，他的任务就是在生产线上给手表装配零件。这件事他一干就是10年，操作非常熟练，而且很少出过差错，几乎每年的优秀员工奖都属于他。

可是后来，企业新上了一套完全由电脑操作的自动化生产线，他的工作都改由机器来完成了，结果他失去了工作。原来，他本来文化水平就不高，在这10年中又没有掌握其他技术，对于电脑更是一窍不通，一下子，他从优秀员工变成了多余的人。

在他离开工厂的时候，厂长先是对他多年的工作态度赞扬了一番，然后诚恳地对他说：“其实引进新设备的计划我在几年前就告诉你们了，目的就是像让你们有个思想准备，去学习一下新技术和新设备的操作方法。你看和你干同样工作的小胡不仅自学了电脑，还找来了新设备的说明书来研究，现在他已经是车间主任了。我并不是没有给你准备的时间和机会，但你都放弃了。”

新设备、新技术、新方法能帮助企业10倍速的提高工作效率，这种更新换代是谁也阻止不了的。但你有没有考虑过给自己的工作能力也进行更新，从而为这种变化做好准备呢？

在这种情况下，如果你不想被你的工作所淘汰，你就要有意识的多做准备，在工作中逐步提高自己的能力，而且这种提高的速度比环境淘汰你的速度要快。

安妮在一家服装公司做销售工作，业绩一直不错。可是公司为了开拓第三市场，决定减少服装的生产量，裁减员工，以达到压缩成本的目的，资金被转向了第三产业——房地产业。

现在，所有员工都面临着被裁减的危险，大家都人人自危。销售部要裁去一半人员，这不能不让所有销售人员心里打起鼓来。大家平常工作都差不了太多，谁走谁不走呢？

面对这种情况，安妮却镇定自若，似乎并没有太在意。最后的结果是销售部人员走了一半，副主管也被辞退了，而安妮升任了此职。

原来，安妮在平常的工作中，就十分注意整理所有客户的资料，又利用业余时间学习的编程工具为公司建立了一个庞大的数据库。这个数据库的建立为销售渠道的正规化提供了科学的依据，大大地提高了工作效率。早在一个月前，安妮就向主管拿出了这个数据库，得到了认可，正在等待讨论通过与实施。

升职后的安妮除了将销售方式正规化外，还积极联系境外的销售客户。当第一笔与意大利出口贸易签单时，总经理发现安妮竟能用流利的意大利语来与客户交谈，不禁更加对她另眼相看。不久，安妮理所应当的升为副经理，成为这家公司的骨干，在销售领域无人可以替代。

安妮的工作一直业绩不错，表面上看和大家没有什么区别，但实际上，安妮已经在平时一点一滴地积累了许多能够增加自己价值的准备。无论是编程还是客户的积累，以及意大利语的学习，都是其中的一部分。这并不能证明安妮的智商比其他人高多少，但是却证明了安妮重视准备的一种态度。正是因为具有了这种态度，安妮才成为了这家公司最不可替代的人。

想成为企业中不可替代的人吗？那好，马上去做准备吧！

认真箴言

在一个企业中体现出自己应有的价值，成为公司不可替代的人，是每个人都想做到的。有人说过："成功等于准备加上适时的机遇。"那么，当这种机遇到来时，你能不能抓紧它，这就要看你有没有完全准备好。无论作为管理者还是普通员工，实现自己人生价值最重要的途径就是准备。相信世上无事不可为，只要做好万全的准备，没有什么事是不可以办到的。

第八章
认真思考，学会用头脑工作

认真思考，创新思维，企业其实并不需要你去拼体力，而是需要你善用头脑，带着思想来工作。

善用头脑，带着思想来工作

带着思想工作，就是在工作中要有自己的想法，要勤于动脑。

在最具实力的世界500强企业当中，因为每家公司所从事的领域和特点不同，在招聘员工时侧重点也就不一样。

但是即使这样，各公司在对新员工进行考核时，有一点是不谋而合的，那就是都喜欢聘用肯用脑工作的员工。

一次，美国通用公司招聘业务经理，吸引了很多有学问、有能力的人前来应聘。在众多应聘者中，有三个人表现得极为突出，一个是博士A，一个是硕士B，另一个是刚走出大学校门的本科生C。公司最后给这三个人出了这样一道题：

有一个商人出门送货，不巧正赶上下雨天，而且离目的地还有一大段山路要走，商人就去牲口棚挑了一头驴和一匹马上路。

路非常难走，驴不堪劳累，就央求马替它驮一些货物，可是马不愿意帮忙，最后驴终于因为体力不支而死。商人只得将驴背上的货物移到马身上，马就有些后悔。

又走了一段路程，马实在吃不消背上的重量了，就央求主人替它分担一些货物，此时的主人非常生气地说："如果你替驴分担一点，现在就不会这么累了，这都是你自找的，活该！"

没多久，马同驴一样也累死在路上，商人只好自己背着货物去买主家。

应聘者需要回答的问题是：商人在途中应该怎样才能让牲口把货物驮往目的地？

A说：把驴身上的货物减轻一些，让马来驮，这样就都不会累死。

B说：应该把驴身上的货物卸下一部分让马来背，再卸下一部分自己来背。

C说：下雨天路很滑，又是山路，所以根本就不应该用驴和马，应该选用能吃苦且有力气的骡子去驮货物。商人根本就没有想过这个问题，所以造成了重大的损失。

结果，C被通用公司聘为业务经理。

A和B虽然都有较高的学历，但是遇事不能认真思考，最后还是以失败告终。C虽然没有很高的学历，但是他遇到问题后不拘泥于原有的思维模式，善于运用自己的思想，所以他成功了。

C就是一个肯用思想工作的人。

简单地说，带着思想工作，实际上就是在工作中要有自己的想法，要勤于动脑，勇于打破常规。

用自己的思想工作的人才能提出革新性的问题，工作才能有所突破，业绩才会不断创新。

在市场经济中，企业之间的竞争尤为激烈。从经济发展的过程来看，企业竞争的重点不断发生转移，并且出现了三个不同的竞争阶段。

在第一阶段，企业的规模都比较小，它们重点进行的是物质领域的竞争，争原料、争设备、争市场。因为这些东西与企业效益有直接联系，一旦竞争成功，效果会立竿见影地显现出来。

在第二阶段，企业看到了“物”是死的，而人是活的，企业有了人才能迅速发展。于是人才竞争成为企业竞争的重点，许多大公司用尽一切方法招揽人才。比如美国通用公司为了得到一位优秀的电气工程师，在多次“挖墙脚”没有成功的情况下，不惜花费巨资，把那位工程师所在的公司整个买了过来。

在第三阶段，企业认识到“人才”分为两种，一种是技术型的，另一种是思想型的。前者请来就能用，马上见效益，而后者尽管投资大、收效慢，却能够对企业的整体效益和长远发展产生无法估量的价值。于是，思想型人才在市场上成为竞争热点，咨询、策划、顾问之类也成了时髦的行当，而“点子大王”一时也成为社会的热门话题。

公司的老板们直接在竞争的第一线搏杀，他们深谙“有‘智’者事竟成”的道理，因此，他们对善于思考、具有超凡思想的人非常渴望，因为他们中的许多人都是智者，他们能成就一般人无法成就的事业。

掌管着美国好乐公司30亿美元资产的副总裁艾丽莎·巴伦，20岁时曾当过一家糖果店的店员。来店的顾客特别喜欢她，总是等着她给自己售货。有人好奇地问艾丽莎：“为什么顾客都喜欢找你，而不找别的小姐，是你给得特别多吗？”艾丽莎摇摇头说：“我绝对没有多给他们，只是别的小姐称糖时，起初都拿得太多，然后再一点点地从磅秤上往下拿。而我是先拿得不够，然后再一点点地往上加，顾客自然就喜欢我了。”

思想决定成败，头脑决定成败，有思想、有头脑的员工是最有价值、最有发展前途的员工。带着思想工作，带着智慧工作，带着想法工作，已经成为当今时代的必然要求。

认真箴言

一个人没有技能，可以拜师学艺；没有知识，可以求学问道；没有金钱，可以筹借贷款……但一个人如果不善于思考，一切都无从谈起。有智者事竟成，无智又不肯动脑的人，终其一生也只能平庸地度过。

认真思考，用智慧解决问题

善用智慧工作的员工肯定比仅用四肢工作的员工更有成效。

过去，大多数企业里的工作都是一些体力活，只要员工动手工作就可以了。

而现在，企业的发展不仅需要传统的熟练工人，更需要能够适应新的形势，用大脑、用智慧工作的新型员工。

一个知名企业家曾经对他的员工说："我们的工作，并不是要你去拼体力，而需要你用智慧来工作。"从中我们可以得出结论，一个优秀的员工应该勤于思考，善于动脑分析问题和解决问题。

然而，在公司里，有些员工缺乏思考问题的能力，也缺乏解决问题的能力。他们在遇到问题时，不是去多问几个"为什么"，多提几个"怎么办"，而是逃避问题，这样的员工不仅不受企业的欢迎，在职场中也难以取得发展。

有个老人的故事就很能说明问题。

海默先生在他65岁退休时，有一份丰厚的退休金以及社会保险金，然而他并不快乐。当他参加完退休典礼后说："我在公司里待了这么多年，就像刚才本杰明先生（该公司的董事长）所说的那样，可谓劳苦功高。今天晚上我光荣退休了，它本该是一个值得纪念的日子，然而今晚我并不快乐，甚至觉得这是我一生中最悲伤的夜晚。"

"今晚我坐在退休典礼上面对我惨痛的一生，感到自己一事无成，彻底失败了。"海默先生浅浅地喝了一口酒，陷入了痛苦的回忆中，"你不知道，本杰明先生和我一起进入公司，但他很上进，节节升迁，我却不然。我以前总认为本杰明先生并不比我聪明多少，他只是不怕吃苦，经得起磨炼，能将自己的智慧完全运用到工作中，而我没有做到这一点。"

"其实公司内外有很多机会，我抓住了就可能获得晋升。比如有一次，公司想派我到西部去掌管分公司，但是我自己因为感到有困难而拒绝了。每当这种绝好的机会到来时，我总是能找到一些借口来推托掉。现在，我退休了，一切都已经过去了，我什么也没有得到，真是往事不堪回首啊！"

像海默先生这种遇到问题不去运用自己的智慧解决而是一味寻找借口的人，在职场中并不少见。他们的坏习惯决定了他们工作效率低下，决定了他们会丧失很多机会，也就决定了他们很难有所成就。

同样一项工作，有的员工可以十分轻松地完成，而有的员工还没有完成就时不时出现这样那样的问题。又如在生产一线，假设同一个时段里，同一台设备，生产同样的产品，让不同的人来做，产量和质量就不一样。这除了个人反应能力等先天条件外，关键就在于有的人真正地用自己的智慧工作，他会考虑如何用有效的方式在最短的时间内生产出更多、更好的产品，而有的人仅用双手在生产。

在工作时多动脑筋、勤于思考、善用智慧工作的员工肯定比仅用四肢工作的员工更有成效，因为智慧是成就事业不可或缺的条件。

这是一个充满变化的时代。在这里，员工不动脑，就意味着将被淘汰出局。

因为懒于动脑，所以创造力消失了；因为缺乏创造力，所以构想消失了；因为缺乏构想，所以产品消失了；因为缺乏产品，所以客户消失了；因为缺乏客户，所以生意消失了；因为缺乏生意，所以企业消失了。所有这些结果，都只因为员工的懒于动脑。所以，善于动脑筋可以影响到你的产品，影响到你的生意，影响到你的企业。

企业需要善于动脑的员工，对企业而言，最优秀的员工必是善于动脑之人。

英国皇家海军有一次招聘雇员，考试题目为：在一个大风雪的夜晚，你开着一辆车，经过一个车站，有 3 个人在等车。一位是快病死的老太太，一位是救过你命的医生，一位是你梦寐以求的情人。你会载哪一位？请说明你的理由。

载老太太，因为救人第一？

载医生，因为知恩图报？

载情人，因为可能一辈子再也碰不到？

200 多位应聘者，给了各式各样的答案，有的应聘者还在答案后附加了很多理由。但最后被录取的那位的答案是：“把车钥匙给医生，让医生载老太太去医院，我留下来陪梦寐以求的情人等车。”

几乎每个人都认为这是最好的答案，但是只有少数人能说出同样的答案。能想到这个最佳答案的人，一定善于及时转变自己的思考模式，善于运用自己的大脑，他的答案体现出他随机应变、善于处理棘手事务的智慧。这样的员工自然会成为企业最需要的员工。

彼得和查理一起进入一家快餐店，当上了服务员。他俩的年龄一般大，也拿着同样的薪水。可是工作时间不长，彼得就得到老板的嘉奖，很快加了薪，而查理仍然在原地踏步。面对查理的牢骚和周围人的不解，老板让他们站在一旁，看看彼得是如何完成服务工作的。

在冷饮柜台前，顾客走过来要一杯麦乳混合饮料。

彼得微笑着对顾客说："先生，您愿意在饮料中加入一个还是两个鸡蛋呢？"

顾客说："哦，一个就够了。"

这样快餐店就多卖出一个鸡蛋，在麦乳饮料中加一个鸡蛋通常是要额外收钱的。

看完彼得的工作后，经理说道："据我观察，我们大多数服务员是这样提问的：'先生，您愿意在您的饮料中加一个鸡蛋吗？'而这时顾客的回答通常是：'哦，不，谢谢。'对于一个能够在工作中积极主动地发现问题、主动提高工作质量的员工，我没有理由不给他加薪。"

争做企业的优秀员工，就要像彼得一样，用自己的智慧努力为企业创造更多的效益。

丹尼尔·凯西小姐是美国鼎鼎有名的女律师。她曾被自己的同行——老资格的律师卡莱尔先生愚弄过，但是，恰恰是这次愚弄使丹尼尔小姐名扬全美国。

事情是这样的，一名叫珍妮的小姐被美国“全国汽车公司”制造的一辆卡车撞倒，司机踩了刹车，卡车把珍妮小姐卷入车下，导致珍妮小姐被迫截去了四肢，骨盆也被碾碎。珍妮小姐说不清楚是自己在冰上滑倒掉入车下，还是被卡车卷入车下的。卡莱尔先生巧妙地利用了各种证据，推翻了当时几名目击者的证词，珍妮小姐因此败诉。

绝望的珍妮小姐向丹尼尔·凯西小姐所在的律师事务所求援，丹尼尔通过调查掌握了该汽车公司的产品近5年来的15次车祸原因完全相同：制动系统有问题，急刹车时，车子后部会打转，把受害者卷入车底。

丹尼尔对卡莱尔说：“卡车制动装置有问题，你隐瞒了它。我希望汽车公司拿出200万美元赔偿珍妮，否则，我们将会提出控告。”

老奸巨猾的卡莱尔回答道：“好吧，不过，我明天要去伦敦，一个星期后回来，届时我们研究一下，做出适当安排。”

一个星期后，卡莱尔却没有露面。丹尼尔感到自己上当了，但又不知道为什么上当，当她的目光扫到了日历上才恍然大悟——诉讼时效已经到期了。丹尼尔怒气冲冲地给卡莱尔打了电话，卡莱尔在电话中得意洋洋地放声大笑："小姐，诉讼时效今天到期了，谁也不能控告我的当事人了，希望你下一次变得聪明些。"

丹尼尔几乎要给气疯了，她问秘书；"准备好这份案卷要多长时间？"

秘书回答："需要三四个小时。现在是下午一点，即使我们用最快的速度草拟好文件，交到法院，那也来不及了。"

"时间！时间！该死的时间！"丹尼尔在屋中急得团团转，突然，一道灵光在她的脑海中闪现："全国汽车公司"在全国各地都有分公司，为什么不把起诉地点往西移呢？隔一个时区就差一个小时啊。

位于太平洋上的夏威夷在西十区，与纽约时差整整5个小时。对，就在夏威夷起诉。

丹尼尔赢得了至关重要的几个小时，她以雄辩的事实，催人泪下的语言，使陪审团的成员们大为感动。陪审团一致裁决：珍妮小姐胜诉，"全国汽车公司"赔偿珍妮小姐600万美元！

一个出色的执行者不仅依照上级领导的指示做事，也善于变通，带着思考去行动。尤其是你在执行中遇到困境的时候，更应该带着思考行动。思考和行动从来都是一对孪生兄弟，工作中少了哪一个都不行。只有带着思考去行动，才能以思考引导行动走上正确的轨道。在上面这个故事中，丹尼尔·凯西小姐就运用了自己的聪明才智，使问题得到了完美的解决。

认真箴言

作为企业发展的智慧源泉，员工有责任要求自己在工作中融入自己的思想，从而更出色地完成任务。企业都喜欢具有创造力的、善于动脑的员工，不能够为企业创造价值的员工只能被无情地淘汰出局。

积极思考，为企业出谋划策

一个好的建议，能给企业带来巨大的效益，同时也能给自己带来更多的发展机会。

任何人都不是万能的，都有自己的弱项和局限性，单凭一个人的力量不可能把企业带上高峰。所有成功的企业老板都喜欢其他的人能多给自己一些有益的建议，以弥补自身的不足，促进企业的发展。这就是为什么老板们都喜欢用思想工作的员工的原因。

廖基程在工厂劳动时经常看到，由于大部分零件的精密度都非常高，为了防止零件生锈，工人们必须戴手套进行操作，而且手套必须套得很紧，手指头才能灵活自如。这样一来，戴上脱下相当麻烦不说，手套还很容易弄坏。

为此，他常想，难道只能戴这样的手套吗？能不能改进一下？

有一天，他在帮妹妹制作纸的手工艺品时，手指上沾满了糨糊。糨糊快干的时候，变成了一层透明的薄膜，紧紧地裹在手指头上，他当时就想："真像个指头套，要是厂里的橡皮手套也这样方便就好了。"

过了不久，有一天清早醒来，他躺在床上，呆呆地望着天花板，头脑里突然想到：可以设法制成糨糊一样的液体，手往这种液体里一放，一双又柔又软的手套便戴好了。不需要时，手往另一种液体里一浸，手套便消失了，这不比橡皮手套方便多了吗？

他将自己的这一大胆想法向公司做了汇报，公司领导非常重视，马上成立了一个研究小组，把廖基程也从生产车间调到了这个组里。经过大家反复研究，终于发明了一种“液体手套”。

使用这种手套时只需将手浸入一种化学药液中，手就会立刻被一层透明的薄膜罩住，像真的戴上了一双手套，而且非常柔软舒适，还有弹性。不需要时，把手放进水里一泡，手套便“冰消瓦解”了。

美国鞋业大王罗宾维勒说：“一个好的建议，能给企业带来巨大的效益，同时也能给自己带来更多的发展机会。”的确，没有什么比为公司着想的建议更令老板欣赏的了。那些为了不爱动脑而保持沉默的员工，是最令老板感到不满的人；凡事都点头称是，一切都处理得不好不坏的人，在老板的心目中，最多是个应声虫。因此，适当地提出一些大胆的建议，可以让你在老板心目中的地位水涨船高。例如，你可以提出如何开源的办法，或者指出怎样节流对企业更有益处。

如果你的老板处理某种事务的方法不太好，而他本人并未觉察或不知如何改进的时候，此时你若有好的主意，就应该果断地提出来，但要采取让老板能够接受的方式。

提出合理化的建议，就是让你的思维走在老板的前面。很多时候，你的效率也就是老板的效率。

当然，这是建立在你对老板已有足够了解的基础上，根据公司的实际情况作出的预计。为了做到这一点，你应尽量了解公司业务运作的经济原理，为什么公司业务会这样运作？公司的业务模式是什么？如何才能赢利？同时，你还应该关注整个市场动态，分析总结竞争对手的错误症结，不要让思维固守在以前的地方。

好的建议不是闭门造车造出来的，但只要处处留心，细心研究，就会有不断创新的灵感，这自然也是积累好建议的一种手段。每天行色匆匆，没有留意一下身边的人和事，那就有可能一生都这样匆匆忙忙、疲于奔波。当然并不是叫你事事留意，而是有意识地注意一下与你行业有关的信息，也许在不经意间你就会有意想不到的收获。

狮子公司是一家大型日化公司，到1993年，它的销售额达到了28.9亿美元，利润4000多万美元，拥有资产25.5亿美元，员工达5000人，排名全球最大五百强企业的第483位。

有一天，公司总裁召开会议，商讨牙膏销售问题。

那一段时间，公司的牙膏销售一直下降，大家都为这事烦恼，却一直找不到一个很好的解决办法。

在会议中，一个年轻人站了起来，手里举着一张纸，对总裁说：

“我手里这张纸上写有一条建议，如果你采纳我的建议，我们产品的销量很快会大增，不过我要求付给我奖金。”

年轻人开出的价钱非常高，立即遭到同仁们的指责，连总裁也有些生气，因为年轻人作为公司员工，是领取了薪水和奖金的。

“总裁，你别误会，如果我的建议行不通，你不必支付一毛钱。”年轻人说。

看着年轻人自信的样子，总裁接过纸条，阅毕，他马上按年轻人要求的数额开出了一张支票。在场的各级管理人员个个感到不可理解。

第二年，依靠年轻人的那张纸条，公司的销售总额一下子提升了 32%。

你肯定很好奇那张纸条上到底写了什么吧？其实也没几个字：将牙膏口径扩大 1 毫米。

想想看，人们每天都会按习惯挤出一截长度差不多的牙膏，要怎么才能让牙膏用得快一些呢？就只能在口子宽度上打主意了。

你也许会对这条建议不屑一顾吧？当时在狮子公司，就有很多人对此加以嘲笑。可事实证明，嘲笑的人错了。

这就是员工智慧的力量，请不要小看员工的智慧，有些时候，一个员工的建议居然能使一个已经停产的企业起死回生。

1939 年，尤金尼·杜尔奈收购了长岛郊区一家只有五六人的小得可怜的电线号牌制造厂，起名为“北岸名牌公司”。接办工厂初期，杜尔奈几乎寸步不离厂房，因为四部机器中只要有一部停车，生意就要亏本，这时的他深深感到了生意难做：成本高，同行竞争激烈，特别是由于大厂都采取自动化生产，小厂根本无法与之竞争。半年以来，工厂虽没亏本，但加上购买工厂时借款的利息，账面上已出现赤字。

严峻的问题摆在面前：换自动设备换不起，卖掉工厂又没有人要，拖下去又会越陷越深，而且一位在厂里起决定作用的技术人员又在此时提出辞职，杜尔奈简直绝望了。

最后，他向全厂宣布：从今天起，我们停工了，但希望各位今天都不要离开工厂，工资照发，请大家把智慧献出来，看看这个工厂还有没有救。说罢，他给职工送上纸和笔。，

杜尔奈很快拆阅员工们留给他的十几封信，当他拿起最后一封信时，已陶醉在一片安慰之中。

这最后一封信是刚来不久的一位小学徒写的，信中有这样几句话："任何问题，绝不止一种解决方法，问题在于哪一种对自己有利，自己又能办到。"又说："更新设备这条路是绝对走不通的，可是你是否想到了其他解决方法？例如，用的材料如果变更，是不是可以达到成本降低的目的，我只是根据'现有的，不一定是好的！'这句名言提出我的看法。"

"变更材料！"杜尔奈握着信，激动地站了起来。这是唯一可试行的办法。当时电线号牌都是铝制的，价格比较昂贵，如果能找到一种便宜的材料，能防水防火就行。于是杜尔奈四处寻找这样的材料。最初选中一种特制油纸，具有防火性能，价格也很便宜，只是硬度不够，他便买来进行加工研究。经过试验，硬度够了，防火性能也不错，就是易变形。

他又重新加工，不想脆度太大又容易折断，最后他舍弃油纸，改用一种韧性强的白纸，刷上一层透明胶，终于使价格比铝制号牌便宜2/3的纸制号牌问世了。

杜尔奈把他的新产品拿去申请专利，获得了5年专利权。在5年专利期满前，杜尔奈的工厂扩大两倍，而且全部采用了自动化设备，财产达到1亿美元以上。

有些企业在陷入困境时，管理者就要求员工集资解困，而聪明的管理者却召集员工献计献策，走“集智”路。集资再多，如果不好好利用，终有用尽之时，而智慧，却永无枯竭之虑。

认真箴言

作为员工，向企业提出合理化建议，说明你对公司的问题进行了认真的思考，对公司充满了爱心，这样你怎么会得不到老板的信任？为企业提供合理化建议是我们的职责，当企业因采纳了我们的建议而日益兴旺时，受益的不只是公司或老板，最终受益者还是员工自己，可以为自己提供更广阔的发展空间和机会。

创新思维，主动寻找创新方法

创造性地解决问题是一个人智慧的最终表现。

身在职场的人几乎都为这样的问题所困惑：我怎样才能更快地脱颖而出？更好地得到大家的认可？实际上，许多成功人士的经历告诉我们：用创新的思想想办法、主动帮单位解决问题的人最容易脱颖而出，最容易得到人们的认可。

一个旅馆的经理，对旅馆的一些物品经常被住宿的客人顺手牵羊感到头痛，却一直拿不出很有效的对策来。他嘱咐下属在客人到柜台结账时，要迅速派人去房内查看是否有什么东西不见了。结果客人都在柜台等待，直到房务部人员查清楚了之后才能结账，不但结账太慢，而且面子挂不住，有的客人下一次再也不住这个旅馆了。

旅馆经理觉得这不是办法，于是召集各部门主管，让大家想想有什么更好的法子能制止客人顺手牵羊。几个主管围坐在一起苦思冥想。一位年轻主管忽然说："既然客人喜欢，为什么不让他们带走呢？"旅馆经理一听瞪大了眼睛，这是哪门子的馊主意？

年轻主管挥挥手表示还有下文。他接着说："既然客人喜欢，我们就在每件东西上标价，说不定还可以有额外收入呢！"

大家眼睛都亮了起来，兴奋地接计划进行。

有些客人顺手牵羊，并非蓄意偷窃，而是因为很喜欢房内的物品，下意识觉得既然花了这么贵的住宿费，为什么不能取回家做纪念品，而且又没明白规定哪些不能拿，于是，就故意装糊涂拿走一些小东西。

这家旅馆给每样东西都标了价，说明客人如果喜欢，可以向柜台登记购买。在这家旅馆内，忽然多出了好多东西，像墙上的画、手工艺品、当地特色的小摆饰、漂亮的桌布，甚至柔软的枕头、床罩、椅子等用品都有标价。如此一来，旅馆里里外外都布置得美轮美奂，给客人们的印象好极了。这家旅馆的生意越来越好！

这位年轻的主管就是能够主动寻找创新方法的员工，这样的员工，是企业不变的期待。创新能够使你在竞争中脱颖而出，哪怕起初你处于不利的地位。创新能够为你的发展提速，也许你的经历不是最多的，经验不是最丰富的，技术不是最熟练的，但是你的创新能力是价值非凡的，它所创造的价值将使你本身存在的弱势不成为你前进的障碍。创新会为你的工作业绩增值，使你成为最受企业欢迎和重用的人。

时尚的代言人、法国著名化妆品公司——香奈尔公司，它的发展壮大就是得益于一名员工在关键时期的一次关键性创意。

最初的香奈尔公司没什么名气，产品滞销，公司陷入困境。这时，销售部的一位员工突发奇想，并把想法向香奈尔汇报，立即得到了老板的赞同。

没过几天，在巴黎《日日新闻》上，人们看到了这样一则广告：香奈尔化妆品公司精选的10名丑女，将在星期六晚上在巴黎大舞台与诸君见面。

广告刊出后，一时间被传为奇闻，当周六夜晚来临时，到场参观的人非常多。

帷幕拉开，丑女们鱼贯而出。果然都是长得奇丑无比，观众们顿时嘘声一片，大家无不惊叹："竟然会有这么丑的女人！"

这时，只见香奈尔女士笑容可掬、神态自如地走上台，她对大家说："为了展示本公司化妆品的功效，请诸位朋友稍等片刻，让丑女们化妆，以谢诸君。"

过了一会儿，随着音乐再起，丑女们一个个涂脂抹粉，在霓虹灯下果然是另一番模样。

观众无不叹服，自此，香奈尔公司生产的化妆品成了市场上得天独厚的宠儿。

真正有价值且令人豁然开朗的创意像金子一样光彩夺目，同时，它也总是藏在不会被人轻易发现的地方。只要你能捕捉到这些亮点，你同你的公司将会以飞快的速度向前发展。

美国著名管理大师杰弗里说："创新是做大公司的唯一之路。"没有创新，公司管理者肯定会毫无作战能力，也根本不会有继续做大的可能。同样的道理，创新也是一个员工纵横职场之本。在职场上，是否具有创新精神和创新能力，往往就是成功者与平庸者的分水岭。一个能不断创新的员工，永远都是纵横职场的骄子。

日本的东芝电气公司 1952 年前后曾一度积压了大量的电扇卖不出去，7 万名员工为了打开销路，费尽心机地想办法，依然进展不大。

有一天，一位底层员工向当时的董事长石坂提出了改变电扇颜色的建议。在当时，全世界的电扇都是黑色的，东芝公司生产的电扇自然也不例外。这位员工建议把黑色改为浅色。这一建议立即引起了石坂董事长的重视。

经过研究，公司采纳了这个建议。第二年夏天，东芝公司推出了一批浅蓝色电扇，大受顾客欢迎，市场上甚至还掀起了一阵抢购热潮，几十万台电扇在几个月之内一销而空。从此，在日本以及全世界，电扇就不再都是一副黑色面孔了。

走在别人走过的路上，走得再远，也到达不了崭新的境地。东芝集团的这位员工之所以能一鸣惊人，就是因为他打破了电扇自问世以来就以黑色示人的这一传统，从而用自己的智慧为公司带来了利润。在职场中，老板喜欢的就是这些能够提出新思想、将工作进行创新的员工，因为这不仅能够解决工作中的实际问题，使个人的工作“增值”，而且还十分有利于激活竞争活力，为企业的总目标做出贡献。善于创造性地工作，是一个公司不可缺少的重要力量。

在职场的竞争法则中，你越有创新能力，你就越有核心竞争力，你的观点和想法就越多，你的能力就越强，成功的可能性也就越大。

认真箴言

将创新思想融入工作中，随时随地开动脑筋，为企业排忧解难、创造效益，是每一个企业对员工的期待，同时也应成为每一名员工对自己的要求。

读完本书，你对认真有哪些感悟？

回忆一下，你在工作中因为认真取得了哪些成绩？

检查一下，你在工作中是否还有不认真的情形？

借鉴一下，你的同事中谁的认真表现最值得你学习？

计划一下，你将来在工作中希望取得哪些成就？